남편
죽이는
15가지
방법

인간사랑

남편 죽이는 15가지 방법

김동극 지음

인간사랑

책머리에

「남편을 죽이는 방법」이라니!

정신병자의 망언 같기도 하고 정서적인 거부감이 있을 것 같아서 망설이기도 했다. 그러나 현재 우리 주부들의 가정관리(건강관리) 실태가 자기도 모르는 사이에 남편을 죽음으로 몰아가고 있는 것 같아 그 주부들의 관심을 환기하기 위한 전략(戰略)으로 메이어 박사처럼 역설(逆說)적 방법을 써본 것이다.

15년 전으로 기억된다. 여행 중 기차 좌석에서 무심코 쥐어본 어느 회사 사보의 건강코너 「남편을 빨리 죽게 하는 8가지 비결」이란 글이 눈에 띄었던 것이다. 제목에 호기심이 발동해서 읽어봤더니 미국 하버드 대학 영양학 교수 메이어 박사가 쓴 것이었다. 구체적 설명은 없이 8가지가 간결하게 실려 있었다. 내용은 상식적이기는 했으나 현대인의 건강을 위한 매우 충격적 경종이었음이 분명했다. 나는 수첩에 그 8가지를 메모했다.

그후 주부들을 대상으로 한 계몽강연 때 더러 인용해 봤는데 예상외로 효과가 큼을 알았다. 그래서 우리 자행회의 계몽서적 『이대로 가다가는 모두 병들다』(김동극 씀, 1988)에 6페이지 정도로 써넣은 일이 있다. 이 책을 읽었거나 내 강연을 들은 사람들이 재미있고 충격적 내용이니 책으로 써 널리 보급하는 것이 건강관리가 엉망이 되고 있는 현 시점에서 매우 뜻 있는 일일 것이라고 권하는 이가 많아 기회를 노리고 있었다.

막상 쓰려고 하니 욕심이 생겨 보다 폭넓게 외쳐보고 싶어서 제1장 「남편을 빨리 죽게 하는 비결」, 제2장 「남편을 오래 살게 하는 비결」로 나누어 쓰기로 했다.

제1장 「남편을 빨리 죽게 하는 비결」은 「이렇게 하면 남편이 빨리 죽는다」는 메이어 박사의 주장 8가지에 내가 평소 생각하고 있는 시대적 관심사인 7가지를 추가했다. 이것

은 모두 평소 내가 경고해 오던 문제들이다. 이 경고를 대수 롭지 않게 여겨 무시하다 보면 남편을 빨리 죽이게 될 것이 다.

남편을 오래 살게 하려는 현명한 주부는 이것을 뒤집어 실천할 것이 아닌가?

제2장 「남편을 오래 살게 하는 비결」은 제1장 「남편을 빨리 죽게 하는 비결」을 쓰고 나니 「남편을 오래 살게 하는 비결」이 생각났다. 「남편을 오래 살게 하는 비결」은 제1장 의 「남편을 빨리 죽게 하는 비결」을 뒤집으면 되겠지만, 그 보다 기본적인 비결은 뭐니뭐니 해도 평소의 식생활에 있다 고 생각되어

① 일단 단식을 해서 오염된 심신을 정화하고, ② 현미를 주로 한 자연식을 하되, ③ 새로 발견된 「음양식사법」을 실 천해 보기를 권하는 바이다.

이러한 사실은 이론만이 아니다. 실제로 장기간 내 자신 이 실천해 왔고, 내가 경영하고 있는 수봉재활원 원생들에 게 13년째 실천해 오고 있는 구체적 사례를 들어본 것이다.

자연식의 필요성은 인식하고 있지만 그 실천은 어려운 것으로 짐작되어 차일피일 하고 있는 현실이지만, 우리의

실천은 이미 그 효과가 국내외(한국·일본)에 널리 인정되어 특집 보도된 바도 있고, 현장 견학·내방객도 늘어나고 있어 날이 갈수록 자신과 긍지를 가지고 있다.

현미식에 대한 이해가 아직 낮은 것 같아 폭넓게 설명하는 데 힘썼다. 이것으로 현미식에 대한 인식이 새로워지기를 기대해 본다.

오랫동안의 실천을 통하여 자연식은 하려고 하는 의지만 굳으면 누구나 얼마든지 할 수 있고, 실천만 한다면 그 효과는 예외가 없다는 사실을 자신 있게 외쳐두는 바이다. 이 어찌 남편에게만 국한된 문제리오.

아무쪼록 이 책이 날로 심각해지는 건강관리에 조금이라도 도움이 된다면 더없는 영광이겠다.

어려운 시기에 출간해 주신 여국동 사장님께 감사 드린다.

저자 김동극

주방이 약방이고,

밥상이 약상이고,

주부가 약사라고 외치는

자연건강연구가인 김동극 박사가

오늘의 주부들에게 전하는

메시지!

"남편 빨리 죽게 하는 비결?"
"오래 살게 하는 비결!"

차 례

제1장

이렇게 하면 남편이 빨리 죽는다

제2장

이렇게 하면 남편이 오래 산다

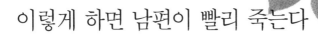

제1장

이렇게 하면 남편이 빨리 죽는다

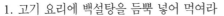

1. 고기 요리에 백설탕을 듬뿍 넣어 먹여라
2. 음식을 짜게 만들어 먹여라
3. 못 걷게 하라
4. 커피나 홍차에 백설탕을 듬뿍 넣어 먹여라
5. 담배를 마음껏 피우게 하라
6. 매일밤 늦게까지 못 자게 하라
7. 휴가도 여행도 못 떠나게 하라
8. 늘상 바가지를 긁어라
9. 정백식품을 많이 먹여라
10. 음식을 편식 · 포식시키고 간식도 많이 먹여라
11. 약을 많이 먹이고 수술을 자주 하게 하라
12. 수맥 위에서 살게 하라
13. 시멘트 집에서 살게 하라
14. 전자파에 많이 노출시켜라
15. 수입식품을 많이 먹여라

제1장

"남편을 빨리 죽게 하는 비결"!
이렇게 하면 남편이 빨리 죽게 된다.

1. 고기 요리에 백설탕을 듬뿍 넣어 먹여라

1) 동물성 식품은 영적(靈的)으로도 해롭다

고기란 쇠고기, 돼지고기, 닭고기, 우유, 달걀, 생선 등 동물성 식품을 말한다. 자연식을 강조하다 보면 동물성 식품은 아예 먹지 못할 음식인 양 기피하는 경향이 있다. 그러나 이렇듯 지나치게 기피할 것까지는 없다고 본다. 왜냐하면 동물성 식품은 오염되지 않는 한 그 자체로 우수한 영양식품이기 때문이다.

요즘 매스컴을 통해 전문가들이 종종 식사법을 지도한다. 그 경향을 보면 한국 사람은 아직도 고기 섭취량이 적기 때문에 더 자주 먹어야 한다고 주장한다.

그러나 여기서 한 번쯤 생각해 봐야 할 문제가 있다. 나는 고기가 영양식품이기는 하지만 현재 우리가 먹는 고기에는 문제가 있을 수 있다고 본다. 그것은 우리에게 고기를 제공하는 가축(소·돼지·닭)의 먹이에 있다. 인공사료일 경우 인체에 해로운 화학물질이 섞여 있을 우려를 배제할 수 없는 것이다.

그 좋은 예가 얼마 전 전세계를 떠들썩하게 했던 벨기에 산 돼지고기로, 여기에 강력한 발암물질인 다이옥신이 들어 있었다는 사실이다. 그 원인은 다이옥신이 함유된 사료에 있었다.

그런데 그 돼지고기에 국한해 다이옥신이 농축되었다면 다행이겠지만, 그렇지 않다는 데 문제의 심각성이 있다. 동물성 식품일 경우, 그 가축이 사료와 함께 섭취한 화학물질(환경 호르몬)은 전량 그 동물의 체내에 잔류한 뒤 그 고기를 먹는 사람의 몸 속에 농축되는 것이다.

따라서 깨끗한 자연환경에서 오염되지 않은 사료(자연)를 먹고 자란 가축의 고기라면 알맞게 먹는 것이 좋겠지만, 그렇지 못한 고기는 문제가 있게 마련이다.

이것은 생선의 경우도 마찬가지이다. 우리 식탁에 오르는 생선의 상당량이 인공사료로 양식한 것임에 비춰볼 때, 사료의 질에 따라 생선의 질 또한 문제가 될 것이다.

최근 이런 문제에 관심을 갖고 이른바 유기농법으로 오염되지 않은(또는 오염도가 낮은) 양질의 육류를 생산·공급하는 낙농업자가 늘고 있음은 참으로 다행한 일이다. 이 문제는 농민에게만 맡길 것이 아니라 선진국처럼 유기농업의 정책적 대안이 마련되어야 할 것이다.

또한 우리는 육식이 주식인 '식생활의 서구화'가 근대화된 것인 양 잘못 알고 있는 경우가 많은데, 이에 대한 재인식이 필요하다.

동양 사람은 신체구조상 곡채식(穀菜食)이 주식인 만큼 그 비율은 주식인 곡류를 7로 하고 부식은 3으로 하되 채소류 2, 육류 1로 하는 것이 좋다고 하니 한꺼번에 너무 많은 양을 먹는 것은 생각해 볼 문제이다.

한동안 영국 등지에서 광우병이라고 하는 전염성 동물병이 번지고 있었는데, 이것도 주로 적절하지 못한 인공사료에 원인이 있는 것으로 알려졌다.

사료뿐만 아니라 사육과정도 크게 문제가 된다. 자연상태에서 자연스럽게 사육하지 않고 가두어 기르는 반자연적 공장식(工場式) 사육방법으로서는 건강한 가축이 길러지기 어렵고, 운동 부족과 일광 부족 등으로 병든 가축일 가능성이 많음은 자명한 이치이다.

또한 아직 널리 알려지지 않고 있지만, 동물이 도살당할 때 원한의 사기(邪氣)가 방출되어 그 부근의 분위기가 살벌해지고, 그 사기가 가축의 온 몸의 세포조직 속에 스며들게 되어 독소로 작용하게 된다고 한다. 이것은 인간의 정신적·정서적·영적(靈的) 건강에도 크게 해를 끼칠 것은 번연한 이치이다. 따라서 남편을 빨리 죽게 하려면 이러한 고기를 애써 많이 먹이는 것이 효과적이다.

끝으로 덧붙일 것은, 고기를 먹이되 쇠고기를 많이 먹이는 것이 효과적이라는 사실을 알아둘 필요가 있다. 쇠고기나 돼지고기는 같은 동물성 식품이지만 그 지방(기름)의 성질이 다르다. 쇠고기의 기름은 포화지방(飽和脂肪), 즉 굳어지는 기름이기 때문에 혈액이 탁해지고 혈관을 굳어지게 할 염려가 있지만, 돼지고기 기름은 이와는 반대인 불포화지방(不飽和脂肪)으로서 기름이 굳지 않기 때문에 쇠고기 같은 효과는 없다.

이에 관해서는 실증적인 자료가 있다. 일본 오키나와 섬은 일본 장수촌의 하나인데, 그 원인은 돼지고기를 많이 먹는 데 있다고 알려져 있다.

관계 학자들이 이해하기 어려워 현장에 가서 여러 가지를 알아봤더니, 돼지고기를 먹되 처음에 한번 푹 삶아서 물을 버리고 삶은 돼지고기를 재료로 하여 여러 가지 요리를 만들어 먹고 있다고 한다. 결국 돼지고기를 많이 먹되, 먹는 방법에 달려 있었다는 것을 알았다고 한다. 따라서 남편을 빨리 죽게 하려면 고기를 먹이되 쇠고기를 많이 먹이는 것이 효과가 크다는 사실을 알면 더 자신이 생길 것이다.

2) 고기를 포식시키는 것이 더 효과적이다

고기(육류·어류)는 먹되 먹는 방법은 한번쯤 생각해 봐야 할 문제이다. 그 첫 번째 이유로, 동양 사람의 신체구조상 육류는 어디까지나 부식이지 주식이 될 수는 없다는 사실이다. 또한 육류는 산성식품이기에 계속해서 많이 먹게 되면 체질이 산성(酸性)으로 기울어질 수 있다. 따라서 고기는 먹되 조금씩 자주 먹거나, 먹더라도 반드시 채소류를 섞어 먹으면 피해는 적다.

우리는 때때로 음식점에서 불고기나 삼겹살, 닭갈비 등의 고기를 실컷 먹는 경우가 있다. 식사도 즐기고 영양도 보충하는 기회가 되기 때문에 필요한 식생활 중 하나이다. 그러나 고기를 굽다 보면 일부가 타게 된다. 이 과정에서 발암물질이 생성될 우려가 있어 탄 고기는 먹지 않는 것이 좋다. 고기는 될 수 있는 대로 굽지 않는 방법, 즉 찌든지, 삶든지, 볶든지, 아니면 굽더라도 타지 않게 하는 방법은 피해가 적다. 그리고 앞서도 지적했듯이 탄 고기, 타지 않은 고기 할

것 없이 잔뜩 먹이는 것은 남편을 빨리 죽게 하는 데 효과
적이다.

그런데 육류와 달리 곡류는 탄 것이라도 해롭지 않다고
하니 신경쓸 필요가 없다. 밥이 탄 누룽지는 화기(火氣)가
작용해서 양성(陽性)이 더해진 양성식품이 되니 겨울철에
몸을 따뜻하게 해주는 보온(保溫)식품이 되기도 한다.

여기에서 고기(육류)를 먹고도 건강해지는 이색적인 예
를 하나 소개하기로 한다. 이미 앞에서도 잠깐 언급했지만,
바로 일본 오키나와 섬의 경우이다.

일본은 세계 제일의 장수국(長壽國)이다. 그 가운데서도
오키나와 섬은 장수촌의 하나로 손꼽히고 있다. 오키나와에
사는 사람들의 식생활 특징은 돼지고기를 많이 먹는다는 데
있다. 돼지고기를 많이 먹는데 어떻게 장수할 수 있을까 하
고 의아하게 생각한 세계의 관련 학자들이 그 이유를 밝히
려고 모여들었다. 한데 그 이유는 지극히 간단하다. 돼지고
기를 먹되 생고기를 일단 푹 삶아낸 뒤 다시 요리해서 먹기

때문이라고 한다. 돼지고기를 삶으면 유해물질이 빠져나오
고 단백질은 더욱 풍부한 영양식이 되기 때문이다.

고기를 이런 방법으로 먹게 되면 효과는 현저하게 줄어
들어 남편을 빨리 죽게 하는 식사로서는 부적당하다는 사실
을 명심해야 한다. 메이어 박사는 고기 위에 백설탕을 듬뿍
넣어 먹이면 더 효과적이라고 주장했는데, 이에 대해서는
따로 설명하기로 한다.

3) 식물성 식품을 아예 줄여야 한다

자연식은 현미를 중심으로 한 잡곡밥을 주식으로, 신선한
채소를 부식으로 먹는 것이 바람직하다. 하지만 채소가 좋다
고 해서 주식인 밥보다 많이 먹는 것은 좋지 않다. 세계적으
로 권위를 인정받고 있는 일본의 정식(定食)협회에서는 주식
과 부식의 비율을 7대 3으로 하는 것이 좋다고 권장한다.

여기서 문제가 되는 것은 채소의 질(質)이다. 오염되지 않
은 땅에서 자연퇴비로 재배하고 농약을 사용하지 않은 이른

바 무공해(저공해) 채소가 좋다. 시장에서 채소를 살 때는 이같이 유기농법으로 생산한 무공해(저공해) 식품을 찾아봐야 한다. 그러나 이것이 여의치 않을 때는 상품가치가 좀 떨어지더라도 벌레 먹은 흔적이 있는 것을 구하는 것이 좋다.

오늘날의 경우, 대개 화학농법으로 채소를 재배하고 있어 줄기나 잎에 묻은 농약을 씻어내야 조금은 안심하고 먹을 수 있다. 이 때에는 식초(자연식초)와 소금(자연염)을 조금 탄 물로 씻어내는 손쉬운 방법도 있으니 실천해 볼 만하다. 그러나 겉에 묻은 농약은 일부 씻어낼 수 있을지 모르지만 잎이나 줄기, 뿌리 속에 침투되어 있는 잔류 농약은 제거하기 어려울 것이다.

식물성 식품의 잎이나 줄기, 뿌리에는 섬유질이 있다. 이 섬유질은 스펀지처럼 생겨서 채소에 농축되었던 잔류 농약의 일부를 흡수하였다가 음식물의 찌꺼기와 함께 배설되기 때문에 조금은 안심이 된다고 할 것이다. 동물성 식품의 경우, 농축된 독소는 전량 체내에 농축되었다가 이것을 먹는 사람의 체내에 고스란히 남게 된다. 하지만 식물성 식품의

경우는 이와 달리 배설로 독이 어느 정도 제거된다는 특성
이 있다.

　여름은 양(陽)이 강한 계절이라 음(陰)성식품인 채소나
과일의 비율을 조금 높이는 것이 좋으나, 체질로 보아 음성
인 사람의 경우는 이같은 음성식품을 많이 먹는 것은 좋지
않다. 특히 음성계절인 겨울철에는 음성식품인 생 야채나
수분이 많은 과일을 먹으면 건강을 해치게 된다. 겨울철에
는 햇볕에 말린 양성이 강한 건과류를 먹는 것이 몸을 따뜻
하게 보양해 주는 건강식품이 되는 것이다.

　또 한 가지, 채소를 먹되 반드시 여러 종류를 고루 섞어
먹어야 한다. 적어도 5가지 이상은 섞어 먹어야 하는데, 이
때는 빛깔도 고루 섞고, 맛도 고루 섞이게 하는 것이 좋다.

　그래서 필자는 5곡(穀) 5채(菜) 5색(色) 5미(味)를 건강
식이라고 주장한다. 일상생활에서 조금만 신경을 쓰면 실천
이 가능하다. 따라서 이것은 어디까지나 주부의 책임이다.
그래서 나는 주부가 약사요, 주방이 약방이요, 밥상이 약상

이라고 외치고 다닌다.

그러나 이것은 남편을 빨리 죽게 하는 식사로는 부적당
하여 역효과를 낼 것이니 아예 생각하지도 말 일이다.

2. 음식을 짜게 만들어 먹여라

1) 소금은 정제염이 건강을 해친다

소금은 생명활동에 꼭 필요한 미네랄의 중요한 공급원으로서 뛰어난 해독작용과 혈액정화, 강정효과도 큰 식품이다.

소금은 인간에게 꼭 필요한 조미료이다. 하지만 너무 많이 섭취하면 고혈압이나 뇌졸중, 신장병, 심장병 등의 원인이 될 수 있다. 그렇다고 너무 적게 섭취해 염분이 부족하면 그만큼 피해를 초래하니 적당량을 섭취하는 것이 바람직하다.

한국 사람의 경우 대체적으로 하루 20g 정도 섭취하는 것이 알맞다고 한다. 사실상 우리는 이보다 더 많이 섭취하고 있으므로 조금 줄이는 노력이 필요하다.

그런데 소금을 줄이려는 노력도 중요하지만, 어떤 소금을 먹느냐는 질의 문제가 더욱 중요하다. 소금은 자연염과 정제염으로 나뉜다.

뽀얗게 정제한 정제염은 소금이 가진 미네랄 등의 영양소를 모두 제거해 염도가 100에 가까우므로 몸에는 좋지 않다. 그렇다고 자연염이 전혀 문제가 없는 것은 아니다. 여기에는 바닷물에 녹아 있던 각종 미네랄과 함께 '간수'가 섞여 있다. 이 간수를 과다 섭취하면 신장병, 영양실조, 체질과 두뇌활동의 약화를 초래하여 조숙·노화현상을 부를 수 있어 좋지 않다고 한다.

이러한 연유로 해서 옛부터 볶은 소금이 권장되어 왔다. 자연염은 태우거나 볶으면 간수가 감소한다. 이것을 빻아 가루로 만들어 쓰면 된다. 맛이 감미로우면서도 약간은 고소한 소금이 된다. 간수가 적은 자연염을 섭취하는 슬기로움이 필요하다고 하겠다.

최근에는 죽염이 많이 활용되고 있는데, 9번 구운 죽염은 뛰어난 치료효과도 지니고 있으나 값이 비싼 관계로 많이 쓰기는 어려울 것이다. 3번 구운 생활염도 있으니 일상생활에서는 이것을 쓰는 것이 좋을 것이다.

우리나라의 경우 된장, 간장, 김치를 담글 때 지금도 자연염을 쓰니 걱정할 필요가 없다. 자연염은 유익한 미네랄은 남아 있고 해로운 간수는 성숙과정에서 감소돼 안전한 건강식품이 되기 때문이다. 조상의 지혜에 다시금 머리가 숙여진다.

메이어 박사는 짜게 먹는 것이 건강에 매우 해롭다는 것을 강조하고 있는데, 여기서 우리가 짚고 넘어가야 할 문제는 동양과 서양의 식생활 차이이다. 서양 사람들은 어릴 때부터 육식이 주가 되고 있는데, 육류에는 거의 모두 우리 몸에 필요한 양만큼의 염분이 들어 있기 때문에 따로 더 섭취할 필요가 없게 된다. 채곡식이 주가 된 동양 사람은 필요량만큼의 염분은 섭취해야 한다.

염분 섭취는 과다한 것도 문제이지만 부족한 것도 문제가 된다. 소화도 잘 안 되고 생명 에너지(활동력)가 줄어들어 생명활동에도 지장을 초래한다. 염분은 과잉 섭취되면 우리 몸의 자동조절(Homeostasis) 기능에 의해 자동적으로 웬만큼은 처리된다는 사실을 알아야 한다.

즉 염분이 많아지면 갈증을 일으켜 외부로부터 물을 섭취함으로써 염분을 희석시키고 과잉 염분은 소변으로 배출시키기 때문에 크게 걱정할 것이 없다. 그렇다고 늘 과잉 섭취해서 물을 많이 마시는 생활이 계속되는 것은 바람직하지 못하니 과잉 섭취는 삼가야 한다.

따라서 남편을 빨리 죽게 하려면 염도 높은 정제염이나 맛소금을 써서 음식을 짜게 만들어 계속 먹이는 것이 효과적일 것이다.

3. 못 걷게 하라

1) 꼼짝하지 말고 들어앉아 있게 하라

걷지 못하게 하라는 것은 운동을 못 하게 하라는 것이다. 많이 먹고 운동이 부족하게 되면 비만해지고, 체력과 면역력도 약해져서 생명이 단축될 수밖에 없을 것이다.

고래의 양성법 일소오다법(一小五多法) 가운데 두 번째가 다동(多動)이다. 한자 의미 그대로 많이 움직여야 한다는 것이다. 다시 말해 많이 운동하고 많이 활동해야 건강해질 수 있다는 것이다. 여기서 말하는 활동은 주로 육체적 활동을 말하는 것이다. 적게 먹고 많이 활동하는 소식다동(小食多動)을 건강의 2대 원칙이라고 주장하는 이가 많다.

그러나 현대인들은 다식(多食), 소동(小動)하고 있는 경향이 있다. 생활의 편리만 추구하다 보니 무슨 일이든지 힘들이지 않고 앉아서 다 하려 한다. 다시 말해 몸을 움직이면서 땀흘려 일하려 하기보다는 기계, 기구에 의존하는 것이 요즘 현대인들의 모습이다.

그러나 이렇게 할 경우 쉽게, 빠르게 잘 처리되어 편리하기는 하지만 몸은 나약해지기 쉽다. 우리의 심신은 사용성 강대(使用性强大)의 원리에 따라 알맞게 써야 강해진다. 반면에 폐용성위축(廢用性萎縮)의 원리가 있어 쓰지 않으면 위축된다. 그렇다고 너무 과도하게 쓰면 역효과를 내게 마련이다. 따라서 여기서 다동(多動)이라 함은 알맞게 움직이라는 것으로 해석해야 한다.

많이 먹고 덜 움직이니 체중은 늘고 기능은 쇠약해질 수밖에 없다. 비만은 확실히 성인병의 주요 요인이 되고 있어 다이어트를 한다고 야단들인데, 약으로 다이어트 하려는 사람은 말할 것도 없고, 먹기는 먹되 인위적인 운동으로 살을 빼겠다는 것도 현명한 처사는 아닐 것이다. 역시 소식(小食), 다동(多動)을 해야 한다.

　다동(多動)의 방법에는 여러 가지 있을 것이나 일상생활에서 누구나 쉽고 안전하며 자연스럽게 하는 방법은 보행(步行)이다. 이것은 하늘이 준 최상의 운동법이요 건강법이다. 만 보(10,000) 걷기 운동은 슬기로운 방법이다. 차로 출퇴근하는 직장인의 경우 하루 보행이 고작 3천~5천 보 정도이다. 이것이 계속되면 신체기능은 나약해질 수밖에 없다. 웬만한 거리는 걸어서 다니거나 자전거로 출퇴근하는 것이 현명한 건강법이다.

　현재 선진국에서는 자전거 출퇴근이 확산되고 있다고 한다. 가까운 거리의 시장에도 차를 몰고 다니고, 가까운 거리인데도 차를 타고 가서 수영을 하며, 차를 타고 체육관에 가서 자전거 타기 운동을 하는 사람들이 많으니 참으로 안타까운 일이다. 따라서 계단도 웬만한 것은 걸어서 오르내리고, 겨울철이라도 하루 한 번 정도는 땀이 조금 날 정도의 일이나 운동을 하는 것이 슬기로운 건강법이라 여겨진다.

　나는 웬만한 거리는 걸어다니면서 볼 일 보고 운동도 하고 있으니 일거양득이다. 걷기에 유사한 운동에는 속보, 조깅, 등산 등이 있으나 각자의 체력에 맞게 무리 없이 하는 것이 좋은데, 걷기가 가장 무난한 것 같다. 이것은 유산소(有酸素) 운동으로서 안전한 운동이기 때문이다. 맥박이 1분간 80정도이면 조깅은 물론 속보도 좋지 않다. 등산도 심장에 부담이 크기 때문에 일상생활에서 될 수 있는 대로 많이 걷는 것이 순리(順理)의 운동법이라 여겨진다.

보행(步行)이 최고의 보약(補藥)이라는 말이 있지 않은가?

따라서 남편을 빨리 죽게 하려거든 애써 못 걷게 하고(만보 걷기 따위는 아예 못 하게 하고), 장기적으로 기름진 음식을 포식시킨다면 효과는 뛰어날 것이다.

4. 커피나 홍차에 백설탕을 듬뿍 넣어 먹어라

1) 커피나 홍차를 많이 먹으면 건강을 해친다

·메이어 박사는 커피나 홍차에 백설탕을 듬뿍 타서 먹이라고 했다. 먼저 커피나 홍차의 피해가 크다는 것을 전제로 하고 거기에 설탕의 피해를 첨가하라는 것이다. 커피나 홍차는 현대인의 기호품으로 널리 애용되고 있는데 왜 나쁘다는 것일까?

그것은 주로 카페인의 과잉 섭취를 말하는 것이다. 지나친 양의 커피는 흥분, 불안, 정신집중 방해를 일으키고, 혈당을 높이며, 가슴을 뛰게 한다.

그 주성분인 카페인은 과용할 경우 순환기 계통에 부담을 주어 심장병과 감상갑상선 기능 항균과 동맥경화의 우려도 있고, 심근경색과 췌장암의 우려도 있다고 한다.

육식이 주가 되고 있는 서양 사람들의 경우는 그래도 큰 피해는 없다. 그래서 그들은 우리가 식사 후 숭늉 마시듯이 많이 마시고 있다. 그러나 그것을 식습관처럼 마셔 왔어도 큰 피해를 느끼지 못했는데 근자에는 그 과잉 섭취가 경고되고 있다. 채곡식 생활을 하고 있는 우리의 경우 그 피해는 더 크게 마련이다.

메이어 박사가 크게 우려하고 있는 것은 커피나 홍차 자체보다 거기에 타게 되는 백설탕의 피해가 더 큰 문제라고 보기 때문에 커피나 홍차에 백설탕을 듬뿍 타 먹이라고 권장하고 있는 것이다. 이 백설탕은 맨 처음에 고기 요리에도 백설탕을 듬뿍 타서 먹이라고 권장하고 있는 데에도 주목하지 않으면 안 된다. 과연 설탕, 특히 백설탕의 피해는 그렇게 큰 것인가 살펴보자.

'설탕 소비량이 문명생활의 잣대'가 되던 시절이 있었다. 그러던 것이 근래 들어서는 건강에 좋지 않다는 인식 때문인지 적게 먹으려는 추세에 있다. 단 것을 지속적으로 다량

먹게 되면 비만이나 당뇨의 원인이 될 뿐만 아니라, 중성지
방이 증가해 동맥경화나 심장병 등 성인병의 원인이 되기도
한다는 것이다. 이같은 성인병과 밀접한 관계에 있는 콜레
스테롤 또한 설탕의 다량 섭취가 원인이 되는 것으로 밝혀
진 지 오래다.

그리고 설탕의 다량 섭취로 체질이 산성(酸性)으로 기울
면 이를 중화하기 위해 칼슘이 많이 소모되므로 칼슘 부족
으로 인한 각종 질병의 유발도 큰 문제가 된다.

뿐만 아니라 설탕은 몸의 조직세포를 이완시키기 때문에
체내의 여러 장기조직까지 약화되고 만다고 한다. 단 것을
많이 먹는 사람은 체질이 약하고 간장도 안 좋으며 면역력
도 떨어져 늘 피곤하고, 감기에 잘 걸리며, 위장기능도 안
좋은 반(半) 건강체가 많다.

이러한 이유는 몸의 세포조직이 늘 이완되어 있기 때문
이다. 암, 관절염, 천식 같은 성인병을 비롯해 알레르기, 선
병질(腺病疾) 같은 것도 백설탕이나 이것이 포함된 과자, 빵,
청량음료 등의 영향이 크다는 사실을 알아야 한다.

그러나 이보다 더 무서운 사실이 밝혀졌다. 미국 상원(上院)에서 영양의료 문제 특별위원회의 연구결과 '설탕이 많이 든 음식을 계속해서 먹으면 저혈당증에 걸린다'는 것이다. 저혈당증에 걸리면 정신집중이 안 돼 일의 능률이 오르지 않고, 쉽게 피로하며, 만사가 귀찮고, 불안·초조하며, 짜증이 자주 나고 자제력이 약해져 신경질적인 돌발행동을 하게 된다고 한다.

현재 세계적으로 사회문제가 되고 있는 청소년 비행은 청소년들의 당분 과잉 섭취 때문에 생기는 저혈당증이 원인이라는 것이다.

설탕은 소장(小腸)의 상부에서 빠르게 흡수되어 포도당으로 변하는데, 이 때 설탕의 흡수가 너무 빠르기 때문에 혈액중의 혈당치가 급상승하게 된다. 그러면 높아진 혈당치를 낮추기 위해 인슐린이 급하게 분비되어, 이것을 억누르게 되면 혈당이 처음보다 낮은 상태로 급격하게 내려간다.

이렇게 되면 상대적으로 다시 혈당치를 올리기 위해 당분이 요구되어 또다시 당분을 많이 섭취하게 된다는 것이

다. 이 과정에서 인슐린의 이상 분비로 저혈당증에 걸리게
된다는 것이다.

2) 청량음료 등 당분이 많이 든 음식은 모두 효과적이다

설탕이 건강을 해친다는 사실은 널리 알려져 있지만, 그
럼에도 불구하고 먹지 않을 수 없는 상황이라면 그 피해를
줄이기 위해서 덜 먹으려는 노력이 필요하다. 그러면 그 허
용량은 어느 정도일까? 세계적으로 권위를 인정받고 있는
서식의학(西式醫學)에서는 현대인의 질병 가운데 75%는 백
설탕이 원인이 되어 생긴 것이라고 단정하면서, 체중 1kg에
대하여 하루의 허용량을 다음과 같이 제시하고 있다.

즉, 생후 6개월까지 0.1g, 생후 6개월에서 1년까지 0.2g,
1세에서 10세까지 0.3g, 10세에서 20세까지 0.4g, 20세 이
후 0.5g이 적정량이라고 한다. 이를 테면 체중 20kg인 초등
학생(8세)의 경우, 하루 설탕을 먹는 양이 6g을 넘어서는 안
된다는 뜻이다. 6g은 보통 각설탕 1개(큰 것)의 분량이다.

커피 한 잔에는 대개 15g의 설탕이 들어가고 콜라, 사이다, 주스 등 청량음료 한 병에는 25g의 설탕이 들어 있다고 한다. 커피 스푼으로 뜬 설탕의 양은 5g 정도이다. 보통 밥숟가락으로 푹 뜬 설탕은 15g 정도인데, 이것을 200cc 컵에 넣고 물을 가득 채워 흔들어 맛을 보면 감미가 약한 정도이다.

따라서 8세 초등학생의 경우, 하루에 콜라 한 잔을 마신다고 해도 12g의 설탕을 먹는 셈이니 하루 허용량의 배를 섭취하는 것과 마찬가지이다. 성인의 경우, 하루에 커피 2잔 이상을 마시면 허용량을 초과하는 셈이다. 커피는 커피보다 설탕의 피해가 더 우려된다고 하겠다.

당분이 우리의 위에 들어가면 위의 활동이 아주 약화된다고 한다. 그것은 조직을 이완시키기 때문이다. 이러한 현상을 당반사(糖反射)라고 하는데, 백설탕 2g 정도라도 당반사가 일어나 소화를 방해한다고 한다. 그래서 당분을 좋아하는 사람은 늘 소화가 잘 안 되고 식욕이 떨어져 당분을 더욱 선호하는 악순환을 되풀이하게 되는 것이다.

·

　우유에도 흰 설탕을 타서 먹이고 있는 주부도 있는데, 이 것은 건강을 해치게 하는 데는 참으로 현명하다 할 것이다. 우유에 많이 함유되어 있는 칼슘을 무력화시키는 결과를 가져오기 때문이다. 어떤 경우든지 백설탕이라야 효과가 크게 나타난다는 사실을 명심해야 할 것이다.

　설탕을 먹는 양을 반으로 줄이면 질병도 반으로 줄 것이라는 전문가의 주장도 있다. 특히 임산부가 설탕을 과잉 섭취하면 기형아, 장애아, 허약아를 낳을 확률이 높다고 한다. 이는 백설탕의 경우이고, 흑설탕의 경우는 피해가 덜 하다고 하니, 흑설탕이나 황설탕을 쓰는 것은 남편을 빨리 죽게 하는 데는 효과가 적을 것이다. 따라서 남편을 빨리 죽게 하려면 커피나 청량음료는 물론 아이스케이크, 화채, 미숫가루 등 모든 식품이나 음료에 되도록 설탕을 많이 타서 먹게 하는 것이 효과적일 것이 분명하다.

5. 담배를 마음껏 피우게 하라

1) 담배는 많이 피우게 할수록 효과적이다

클린턴 미대통령이 한때 담배를 마약으로 선포하고 이에 따른 여러 가지 금연 후속조치를 해왔다고 한다. 현재에도 세계 각국의 금연운동이 활기를 띠고 있고, 외국 뿐만 아니라 최근 우리나라의 경우에도 애연가들은 줄곧 설 땅이 좁아지고 있는 추세이다.

담배는 과연 그렇게 해로운 것인가. 하루에 2갑씩이나 계속 피우는 사람들 가운데도 건강하고 오래 사는 사람도 있는데 뭐 그렇게 야단들이냐고 항변하는 애연가들도 있는 듯하다.

그러면 담배는 어떤 피해를 안겨주는지 그 실상을 알아보자.

담배 연기가 허파 속으로 들어가 혈액 중의 적혈구(赤血球)에 들러붙게 되면 산화탄소를 흡착하게 되는데, 그 적혈구는 아무리 많은 산소를 불러들여도 산소가 흡수되지 않고 파괴되어 버린다고 한다. 특히 운동이나 노동을 하면서 담배를 피우게 되면 많은 양의 적혈구가 산화탄소를 흡착하여 허파 속으로 되돌아오게 되는데, 산소를 흡수하지 못한 채 심장으로부터 배출되어 무산소(無酸素)의 적혈구가 몸 속을 순환하게 됨으로써 각종 장기(臟器)는 산화(酸化)상태가 계속되어 노화(老化)를 촉진함과 동시에 각종 질병을 몰고와 죽음을 앞당기게 된다는 것이다.

일하면서 담배를 피우는 사람은 피워야 능률이 올라간다고 하지만, 그것은 습관이 되어 그렇지 결코 담배에 그런 효능이 있는 것은 아니다. 담배를 피워야 머리가 맑아지고 기분이 좋아진다는 사람은 이미 중독(中毒)이 되어 있거나 그와 가까운 거리에 가 있는 사람일 것이다. 담배 속에는 유해물질이 4,700여 가지나 들어 있고, 그 가운데 42가지는 발암물질이라고 한다. 그래서 담배를 많이 피우게 되면 폐암만 염려되는 것이 아니라 심장마비, 동맥경화, 고혈압, 폐렴, 치매 등도 유발하게 되고, 그 연기는 옆자리의 비흡연자까지 질병으로 몰아간다고 한다.

그런데 참으로 놀라운 사실은 20세 미만의 미성년자는 그 피해가 성인에 비해 훨씬 무섭다는 것이다. 미성년자가 담배를 피우게 되면 내장(內臟)이 산소 결핍상태가 되어 정상적인 성장발달을 크게 저해한다고 한다. 요사이 우리 주변을 살펴보면 기성세대는 이 피해를 인식하고 자제하려는 경향이 보이는데 젊은 세대들 사이에는 오히려 흡연자가 늘어나는 경향이 있으니 참으로 우울한 상황이다. 더구나 중·고등학생, 대학생들 사이에도 이 풍조가 줄어들지 않고 있으니 민족의 앞날이 걱정스럽다. 특히 임신중에 있는 여성이 담배를 피우게 되면 기형아, 장애아, 병허약아 등 이상분만의 우려가 짙다고 하니 심각하게 생각해 볼 문제이다.

그런데 이렇게 해롭다는 담배는 자기뿐만 아니라 옆사람까지 피해를 준다는 사실을 번연히 알면서 왜 못 끊는가? 많은 사람들이 담배를 끊겠다고 결심을 하고 담배 끊는 약까지 시판되고 있지만 담배는 여전히 많이 팔리고 있지 않은가?

그런데 미국은 자기 나라 국민들에게는 아편이라고까지 외치면서 금연을 강조하면서도 개발도상국가에 대해서는 개방압력을 늦추지 않고 있으니, 이런 이율배반적이고 반도덕적 행위는 도저히 이해할 수 없다. 그러나 따지고 보면 미국만 나무랄 일이 아닌 것 같다. 우리나라 자체도 전매 수입을 위해 한편으로 열을 올리고 있지 않은가. 국가 수입도 필요하겠지만 이런 사업은 자제해야 할 것이다.

그러나 문제는 우리 개인 자체에 있다. 우리가 안 피우면 될 것이 아닌가? 그것은 결국 그 사람의 의지(意志)에 달린 문제이다. 결국 안 피우겠다는 싸움에서 지고 있는 것이다. '피우겠다는 마음'과 '안 피우겠다는 마음'이 싸워서 '피우겠다는 마음'이 이기고 있기 때문이 아닐까? '담배 하나 끊을 수 없는 의지를 가진 사람이 무슨 큰 일을 할 수 있겠는가?'라고 경고하는 사람도 있다. 아이젠하워는 하루 60개비 이상 피우던 골초였지만 맥박에 이상이 있다는 의사의 권고로 하루아침에 끊었다고 하지 않는가?

나는 담배를 끊기 위해서는 단식(斷食) 수행을 하라고 권하고 싶다. 단식 중에는 그 맛이 쓰고 독해서 담배를 피울래야 피울 수 없게 되기 때문에 이것을 계기로 끊을 수 있게 된다. 그런 사람들이 더러 있음이 사실이다. 담배를 꼭 끊고자 하는 의지가 있는 사람은 속는 셈치고 단식을 한 번 해볼 일이다.

미국 엘리트의 3대 요건 가운데 첫째가 담배를 안 피워야 하는 것이고, 둘째가 말라야 하며, 셋째가 피부가 조금 타야 한다는 것이다. 기업체나 장성 고급공무원 선발 기준으로 흡연의 유·무를 첫째로 꼽고 있다는 사실은 담배의 피해가 심각하다는 것을 입증하고 있는 것이라 하겠다.

담배를 피운다고 해서 곧 생명이 단축되는 것은 아니겠지만 정도가 심하면 큰 피해를 입게 될 것인즉, 남편을 빨리 죽게 하려거든 시도 때도 없이 줄담배를 피우게 하는 것이 큰 효과가 있을 것이 분명하다 할 것이다.

6. 매일 밤 늦게까지 못 자게 하라

1) 만성적인 불면증 환자가 되게 하라

　사람이 정신적이든 신체적이든 활동을 하게 되면 피로를 느끼게 된다. 정신적으로는 신경이 피곤하게 되고, 신체적으로는 피로 물질(유산)이 쌓이게 된다. 그리고 활동을 위한 에너지가 소모되어 활동을 계속하고자 해도 능률이 안 오르고 더 지속할 수 없게 된다. 무리하게 계속하게 되면 드디어 질병으로 이어져 쓰러지게 된다.

　이 피로를 해소하고 소모된 에너지를 축적하는 유일한 수단이 잠(수면)이다. 잠은 피로 해소와 에너지 축적을 위한 하늘이 준 보약이다.

　음식은 1개월 정도 안 먹어도 공기와 수분만 흡수하면 생존할 수 있어도 수면을 빼앗으면 몸이 쇠약해지고 정신이 상이 되어 죽고 만다.

　미국의 어떤 특수부대(군대)를 대상으로 잠을 못 자게 한 연구결과 48시간 뒤에 80%가 활동력을 잃었고, 72시간 뒤에는 95%가 쓰러지고 말았는데, 그 가운데 한 사람은 8일간 버티긴 했지만 결국 정신이상이 되고 말았다는 것이다.

　사람은 하루 24시간 중 8시간 활동하면 피로를 느끼게 되어 있는데, 이 피로 회복을 위한 잠은 하루 8시간 정도면 충분한 것으로 알려져 있다.

　잠을 잘 자는 아기는 건강하게 잘 크고, 잠을 잘 자는 사람은 누구나 건강한 사람이다. 그래서 고래의 건강법 가운데 잘 먹고, 잘 자며, 잘 배설하는 것이 3대 요인이 되고 있다. 병도 잠자는 동안에 낫게 되는데, 수면에는 병을 고치는 수복(修復)작용이 있기 때문이다. 환자가 잠을 자기 시작하면 낫기 시작하는 것이다. 잠을 못 자는 불면증을 체험한 사람은 알겠지만, 그것은 형언할 수 없는 고통이다.

　불면증은 아니더라도 잠이 부족하게 되면 아침에 일어나도 머리가 멍해지는가 하면, 신경이 과민하여 주위 사람들과 부딪히게 된다. 잠이 부족한 상태가 계속되면 뇌세포가 쉴 수 없어 그 능력이 떨어지고 신경질적 발작으로 이어져 교감신경이 더욱 더 흥분되어 심신의 건강을 결정적으로 악화시키게 되는데, 이로 인한 질병은 치료가 불가능하게 된다.

또 어떤 전문적 연구에서 밝혀진 사실로서 강아지를 대상으로 한 실험인데, A군에는 음식을 충분히 주되 잠을 방해하고, B군에는 음식을 거의 단식시키되 잠을 자게 한 결과 잠을 방해한 A군은 며칠 안 가서 하나, 둘씩 죽어갔고, B군은 더 오랜 기간 살아 있었다는 것이다. 죽은 강아지의 뇌를 해부해 봤더니 뇌세포가 파괴되었을 뿐만 아니라 심장, 혈관, 소화기, 호흡기 등 신체 전기관이 이상이 있었다고 한다.

뇌세포는 심장, 혈관, 소화기, 호흡기 등 생명을 유지하기 위한 각 기관의 기능을 위해 매우 중요한 역할을 하는 것인데, 이것이 이렇게 결정적 피해를 입는다는 것은 생명 단축의 큰 원인이 되는 것이다. 그런데 이러한 140억 개의 뇌신경 세포는 한번 사멸하면 다시는 재생하지 않는다. 이와 같은 사실을 생각하면 하룻밤 밤샘하는 것만으로도 생명은 단축된다는 사실을 재인식해야 할 것이다.

우리의 자율신경은 주간은 교감신경의 활동이 강화되어 뇌나 심장에 강한 자극을 보내 심신의 활동을 조장하다가, 밤이 되면 교감신경은 뒤로 물러서고 부교감신경이 전면에 나서 휴식을 유도함으로써 낮 동안에 쌓인 피로를 푸는 동시에 이상이 생긴 곳을 수복도 하고, 내일의 활동을 위한 에너지를 축적하게 된다. 이것은 자연의 섭리에 따른 인체의 규율이다. 따라서 밤에 일하고 낮에 자는 것은 자연의 섭리에 역행하는 반자연적 생활이기 때문에 작업이나 학습의 능률도 덜 오르게 되고 건강도 해치게 되는데, 이런 생활이 계속될 경우 질병으로 이어져 생명이 단축되게 된다.

어쨌든 결론은 어떻게 하든지 매일 밤 늦게까지 잠을 못 자게 하는 것이 남편을 빨리 죽게 하는 데 더욱 효과적이라는 것이다.

못 자게 하되 누워 있게 하면 효과가 줄어들기 때문에 반드시 눕지 못하게 하고 교감신경(활동신경)을 흥분시키는 조치를 강구하는 것이 더욱 효과적임을 알아야 한다.

7. 휴가도 여행도 못 떠나게 하라

1) 집과 직장만 가고 오게 하라

사람은 공부나 작업 등을 한 곳에서 같은 방법으로 계속 되풀이하게 되면 심신의 피로도 더 쌓이게 되지만, 여기에다 기분 전환을 못 하는 데서 오는 스트레스도 가중되어 정신집중력도 줄어들고, 신체적인 작업능력도 퇴화되며, 이로 인하여 사고(산업재해)도 더 많이 발생하게 된다.

그래서 요즘은 주말여행이니 전지요양이니 하는 휴가나 여행이 높이 평가되고 있다. 사람은 긴장과 이완, 활동과 휴식, 즉 일할 때는 일하고 쉴 때는 쉬는 생활의 리듬이 심신의 건강과 학습이나 작업의 능률을 올리는 활력소가 된다.

남들은 주말여행이다 휴가다 해수욕이다 등산이다 휴가를 즐기는데 따분하게 집 안에만 틀어박혀 답답하고 우울하게 지내게 되면 정서적으로도 건강을 해치는 원인이 된다.

우리 고래의 양생법 1소 5다법에서도 다동(多動) 다음에 다휴(多休)를 들고 있음에서 옛부터 푹 쉰다는 것을 건강의 조건으로 중시해 오고 있다는 것을 알 수 있다. 특히 스트레스 시대라고 하는 현대인의 생활에 있어서는 스트레스 대책의 일환으로도 휴가나 여행이 높이 평가되고 있다.

바쁘고 고달픈 일에 시달리게 되면 스트레스가 가중되지만, 때로는 훌훌 털고 일어나 산수(山水) 좋은 곳으로 잠시나마 훌쩍 떠나는 것은 새로운 건강과 힘을 얻는 생활의 지혜일 것이다. 이러한 휴가나 여행의 기회를 빼앗는 것은 정신적인 질식사를 유도하는 결과가 될 것이다.

8. 늘상 바가지를 긁어라

1) 바가지 긁는 것이 특효이다

여기서 바가지란 주로 아내가 남편에게 하는 잔소리, 불평불만 등 심적 자극을 주는 언동인데, 남편은 이로 인하여 스트레스를 받게 되고, 이것이 계속될 경우 심인성 질환으로 이어진다.

스트레스란 정신적인 스트레스와 신체적인 스트레스가 있는데, 외부로부터 가해지는 자극에 대해 스스로를 지키기 위한 방위 본능이다. 신체적 스트레스보다 정신적 스트레스의 피해가 더 크게 우려되는데, 남편에게는 아내가 긁는 계속되는 바가지가 다른 어떤 스트레스보다 더 괴로움으로 쌓이게 된다.

현대 도시인, 특히 직장인들은 80% 이상이 스트레스에 시달리고 있고, 각종 질병 중 80% 이상이 스트레스와 관계가 있다는 것이다. 특히 정신적 스트레스는 심인성(心因性) 질병으로 이어진다. 최근 우리나라에 있어서 40대 돌연사가 많아지는 원인도 아내의 바가지와 무관하지 않을 것으로 여겨진다.

　우리의 몸에는 항상성 유지능력(恒常性 維持能力)이 있어 웬만한 것은 자동조절되지만, 거듭되는 스트레스가 한도를 넘으면 쓰러질 수밖에 없을 것이다.

　앞에서 40대 돌연사가 많다는 것을 거론했는데, 그 원인으로 아내의 계속되는 바가지가 가장 큰 위력을 발휘하고 있을 것으로 짐작한다. 현재 40대 남성들은 사회에서도 중견 활동을 하느라고 밤늦게까지 시달리다 집에 들어오면 늦게 들어온다고 바가지를 긁고, 돈 많이 벌어오지 못한다고 바가지를 긁게 되면 죽도록 피곤한 심신으로 잠자리에선들 맥을 출 수가 있겠는가?

　요사이 40대 남성들로부터 정력 부족을 호소하는 사람을 많이 보고 있는 것도 아내의 바가지와 관련이 깊은 것으로 짐작이 된다. 아이들은 비싼 과외공부 안 시켜 준다고 볶아 대니 자녀들에게도 '고개 숙인 아버지'가 되게 마련인데, 여기에다 아내의 바가지가 가세하면 이들이 갈 곳은 어디일까?

더구나 현재의 40대들은 공해 2세로서 성장기부터 오염된 식생활로 자랐고, 현재도 오염의 소용돌이 속에서 생활하고 있어 그 면역력이나 체력이 약화된 상태이기 때문에 스트레스에는 더욱 약해질 수밖에 없는 상황이다.

이렇게 정신적으로나 신체적으로 약해질 대로 약해진 40대 남편들에게는 아내의 바가지야말로 극약처방일 것이다. 밤마다 잠 한숨 못 자게 바가지만 긁어보라. 3, 4일이면 큰 효과가 나타날 것이다.

얼마 전에 들은 이야기이다.

모 중소기업체의 간부 K씨가 기울어져 가는 회사를 일으키기 위한 작업으로 간부 몇 사람과 연일 연관방을 빌려 밤샘을 계속하고 있었는데, 어느 날 새벽에 옷을 갈아입으려

고 자기 집에 가기 위해 여관을 나오는 순간이었다. 아내가
목욕탕에 가기 위해 그 여관 가까이를 지나다가 먼 발치로
여관을 나오는 K씨와 뒤따라 나오는 여인을 보았다. 충격을
받아 발걸음을 돌려 집으로 돌아온 아내는 이윽고 막 들어
오는 남편의 멱살을 잡고 발작(?)을 했다. 그 정도가 너무
격렬했던지라 남편은 그 자리에 주저앉아 의식을 잃었는데,
당황한 아내가 남편을 인근 병원으로 옮겼지만 끝내 의식을
잃고 말았다고 한다. 뒤에 안 사실이지만, 뒤따라 나온 여인
은 그 여관 종업원으로서 시장에 가기 위해 나오는 순간이
었다고 한다.

  까마귀 날자 배 떨어진 격이 된 셈이다. 아내의 격렬한
바가지는 이렇게 놀라운 효과(?)가 나타난다고 하는 좋은
사례이다.

9. 정백(精白)식품을 많이 먹여라

1) 5백(五白)식품은 생명을 단축시킨다

정백식품이란 뽀얗게 많이 깎은 곡류나 표백하여 뽀얗게 만든 조미료 따위를 말한다. 그 대표적인 것이 현미를 깎은 쌀 정백미요, 밀껍질을 벗기고 제분하여 표백한 정백밀가루요, 흑설탕을 정제한 정백당이다.

이것을 3백식품이란 악명을 붙여 덜 먹을 것을 권장하더니 요즘에 와서는 여기에다 자연염을 정제한 정백염, 백색 화학 조미료를 추가하여 5백(五白)식품이라고 묶어서 그 유해성을 경고하고 있다.

이 유해성이 공인되기 때문에 요즘 선호되고 있는 것처럼 이 5대 정백식품을 많이 먹이면 생명이 단축될 것은 틀림없을 것이다.

첫째, 흰 쌀밥을 많이 먹여라.

백미, 특히 정백미(精白米)는 쌀이 가지고 있는 본래의 영양소를 거의 다 깎아버린 쌀이다. 대자연이 우리에게 준 쌀은 씨눈과 속껍질, 속살이 함께 어우러진 완전한 영양식품이다. 그런데 우리들은 값진 영양소를 많이 함유하고 있는 씨눈과 속껍질을 다 깎아버린 저질미(低質米)를 만들어 먹고 있는 것이다.

백미는 많이 먹어도 영양의 불균형으로 건강을 해치게 된다. 현대병의 큰 원인 가운데 하나가 백미의 편식에 있다고 하지 않는가! 우리는 마땅히 대자연이 준 값진 영양소가 고루 함유되어 있는 현미(玄米)를 먹도록 해야 한다.

둘째, 흰 밀가루 음식을 많이 먹여라.

밀(小麥, 참밀)도 쌀과 같이 씨눈과 껍질에 값진 영양소가 많이 함유되어 있다. 이것을 다 깎아버린 흰 밀가루(精白, 밀가루)는 저질(低質)식품이 되어버린 것이다. 더구나 밀은 대부분 해외에서 수입해 온 것인데, 수입과정에서의 변질을 막기 위해서 농약을 많이 쓰게 되고, 이것을 제분(製粉)하는 과정에서 보다 희게 하기 위하여 화학약품을 쓸 우려가 있다고 하니 그 안전성이 문제가 된다.

특히 이러한 수입 곡류는 유전자 조작(遺傳子操作) 곡류일 우려가 있으니 더욱 큰 문제이다. 그러니까 우리 밀의 통밀가루를 먹자는 것이다.

셋째, 흰 설탕을 많이 먹여라.

이것은 앞에서도 누차 강조한 바 있어 이미 상식화되어 있으나 아무리 강조해도 지나치지 않다. 그만큼 흰 설탕의 피해는 큰 것이다. 흰 설탕은 우리의 몸을 산성(酸性)으로 만드는 데 주범이 되고 있다. 특히 청소년 비행의 원흉이 되고 있다는 사실도 알아야 한다.

넷째, 흰 화학 조미료를 많이 먹여라.

가공식품에 쓰여지는 화학 첨가물은 400여 종에 달한다
고 한다. 여기서 크게 해로운 것은 백색 조미료이다.

지금 우리 식탁에는 뽀얀 조미료가 상비되어 있고, 또한
무제한으로 쓰여지고 있다. 이것이 알게 모르게 우리 생명
을 좀먹고 있는 것이다. 이러한 화학 조미료를 쓰지 말고 우
리 고유의 자연 조미료를 쓰도록 해야 한다.

다섯째, 흰 소금을 많이 먹여라.

소금도 바닷물을 증발시켜 만든 자연염은 바닷물이 가진
미량 영양소가 농축되어 있는 생명력이 풍부한 식품이지만,
이것을 깎아내고 만든 염료 99%나 되는 정제염은 알고 보
면 약품이지 식품이 될 수 없다. 더구나 맛소금은 화학 조미
료이지 먹을 수 있는 식품이 될 수 없다.

이것도 앞에서 설명한 바 있거니와, 자연염은 알맞게 먹

어야 되지만 뽀얗게 정제한 정제염은 먹지 말아야 한다는
것이다. 감염을 권고하는 경우는 이 정제염을 말하게 된다
는 사실을 알아야 한다.

이상의 정백(精白)식품들은 모두 뽀얗게 정제되어 얼핏
보면 위생 처리가 잘 된 양질의 식품인 것 같기도 하지만,
이것은 3차원적 물질문명에 중독된 병든 사고와 병든 눈으
로 본 서글픈 결과이다. 알고 보면 그 정반대인 조병(造病)
식품이요, 영양의 불균형을 조작한 인공적 저질식품이다.

이런 식품을 계속 먹게 되면 영양의 불균형으로 체질이
약화(산성화)되고, 면역력과 자연치유력도 약화되어 각종 성
인병을 자초하게 된다.

현대인들이 많이 앓고 있는 불치의 각종 성인병은 실로
백미병이요, 정백(精白)병이다. 그래서 현대병을 그릇된 음
식이 원인이 된 식원병(食原病)이요, 스스로 만든 인조병(人
造病)이요, 자기 체질이 자초한 체질병(體質病)이라고 한다.
남편에게 이러한 5백식품을 계속 포식시키면 이러한 현대

의료를 비웃는 각종 성인병을 무더기로 불러들이는 위대한
효과가 나타날 것이다.

10. 음식을 편식 · 포식시키고
간식(間食)도 많이 먹여라

1) 음식은 늘 많이, 진탕 먹여라

우리는 이 때까지 가난해서 많이 먹는 것이 매우 중요시 되어 왔고, 그래서 초대한 식사 때는 으레 '많이 잡수세요' 라는 인사와 '많이 먹었어요'라는 답례가 일반적이다. 지금 까지 우리 문화는 양적인 문화이지 질적인 문화가 아니었 다. 식문화도 영양가가 있고 없고 간에 많이 먹어 배를 채우 는 것이 당연지사가 되어 왔다.

굶주리던 배를 채우기 위해서 그런지 우리는 근래까지도 많이 먹는 포식(飽食)과 대식(大食)이 통용되어 왔고, 그 결 과 우리에게도 영양 과다로 인한 비만증과 내장 피로로 인 한 체력저하가 초래되었다. 그래서 포식하고 대식하고 편식 하는 식습관으로 인해 현대병이 초래된바, 근간의 이러한 병을 식원병이니 인조병이니 생활습관병으로 부르게 되었다.

잠시 대식(포식)의 식습관을 따져보자.

첫째, 대식(포식)은 부도덕하다.

우리가 인간으로 태어난 이상 먹어야 살 수 있다. 그 먹이는 주로 동·식물이다. 즉, 내가 먹고 살기 위해서 남(동식물)의 생명을 먹는 것이다. 생명이 없는 다른 것을 먹을 수는 없을까 하는 생각 간절하지만 그럴 수는 없는 노릇이다. 그러니 먹기는 먹되 될 수 있는 한 생명 유지와 활동하는 데 지장이 없는 범위 내에서 소식(小食)하는 한편, 다른 생명(동식물)을 가꾸는 데도 힘쓰지 않으면 안 될 도의적 의무를 느낀다.

둘째, 굶어 죽는 이웃을 생각해야 한다.

오늘 이 순간에도 지구촌 여러 곳에서는 가뭄·수해·기

근으로 먹을 것이 없어 굶어 죽는 인류들이 많이 있다. 이것을 인식한다면 내 손 안에 있는 음식이니, 내 돈으로 산 음식이니 많이 먹든지 버리든지 내 맘대로 할 일이라고 생각한다면 반도덕적인 행동이라 아니 할 수 없다.

현재 만연되고 있는 성인병의 대부분이 많이 먹고 편식하는 데서 생긴 것으로서 비만증을 위시한 각종 성인병의 원인이 되고 있지 않는가.

우리 고래의 양생법인 일소오다법(一小五多法) 가운데도 소식다동(小食多動)이 으뜸이 되고 있듯이, 신체적 건강을 위해서도 대식(포식)하는 것은 아주 좋지 않다.

셋째, 과식자는 남의 양까지 먹게 되는 것이다.

사람은 이 세상에 태어날 때 자기 먹을 것은 타고난다고 한다. 그렇다면 일찍부터 많이 먹어 자기 몫을 다 먹었다고 하면 그 후에 먹는 것은 남의 몫을 빼앗아 먹는 셈이 아닌가!

이 부도덕한 행동을 하는 사람을 하늘이 어찌 모르는 체하고 언제까지나 방치해 둘 것인가?

이것은 무슨 과학적인 통계로서 말하는 것이 아니라 4차원적(영적)인 추리로서 가상해 보는 바이지만, 요사이 인간의 건강문제도 영적(靈的)인 세계로까지 결부시켜 생각하고 있는 추세에 비추어 허무맹랑한 소리만은 아닌 것 같다.

어떤 기사에 의하면 현재 미국의 일각에서 많이 먹기 내기(즐기기)를 하는데, 실컷 먹고 화장실에 가서 인위적으로 토해내고 또다시 먹어댄다고 하니, 천벌이 두렵지 않은가?

만물의 영장인 인간이 단순히 식충(食蟲)이기를 원하는 자들의 몰지각한 천박한 행동이 아니겠는가. 역사적으로나 정신적으로 큰 일을 하고 오래 산 사람들은 모두 소식자요, 채식자로서 음식물을 소중하게 여기고 아낀 사람들이라는 사실을 명심할 필요가 있다.

그리고 소홀히 생각해서는 안 될 것은 간식(間食)의 문제이다. 간식이란 끼니와 끼니 사이에 먹는 가벼운 식사로서 군것질이라고도 한다. 안 먹어도 될 것을 먹는다는 뜻이다.

옛날에 못살 때는 배고픔을 달래기 위해, 부족한 영양을 보충하기 위해서 먹기도 하고, 일하다가 잠시 쉬면서 먹는 참이기도 하다. 중노동이나 격렬한 운동중의 가벼운 간식은 필요하다 하겠으나, 요사이는 영양보충을 위한 간식은 거의 필요 없는 주전부리에 지나지 않는다.

세 끼 이외에 먹는 간식은 영양 과다가 되어 비만을 부추기는 한편, 위를 비롯한 관계기관에 부담을 주어 면역력을 약화시키는 등 반건강적 역기능을 초래할 뿐이다. 즉 세 끼 식사 외에 간식을 자주 하게 되면 체지방이 많아지고 당뇨병 등 성인병을 유발하는 원인이 된다는 것이다.

특히 설탕, 크림, 아이스크림, 빵, 과일, 청량음료, 패스트 푸드 등은 혈당을 빨리 올리게 된다. 더욱이 라면이나 피자는 칼로리가 많고 포화지방산이 많아 건강을 위협하게 된다.

간식 중 더욱 문제가 되는 것은 야식(밤참)이다. 야식은 야간 노동자일 경우 가볍게 먹는 것은 괜찮지만 그 밖의 사람들에겐 건강의 원흉이 될 수 있다. 꼭 필요하다면 녹차, 홍당무, 오이 등으로 심심한 입을 달래는 정도로 그치면 피해는 줄어들 것이다.

그리고 대식, 포식과 간식을 많이 시키되 물에 말아먹거나 국이나 탕을 많이 먹어 오래 씹지 않고 마구 퍼먹는 식의 식사를 습관화하면 피해가 월등히 커진다는 사실을 알아둬야 할 것이다.

따라서 남편을 식충으로 전락시켜 개·돼지 모양으로 배가 터지도록 고량진미를 계속 진탕 먹이는 것은 빨리 죽게 하는 지름길이 될 것이다. 그것이 가공식품의 편식일 때는 더 효과가 클 것이다.

11. 약을 많이 먹이고 수술을 자주 하게 하라

1) 약국이나 병원의 단골 손님이 되게 하라

지구상에서 약을 가장 많이 먹는 나라, 항생제를 많이 먹는 나라, 약방이 많은 나라, 약을 마음대로 사먹을 수 있는 나라를 꼽는다면 우리나라는 단연 상위권일 것이다. 그만큼 우리나라 사람들은 약을 과용하고 있다. 신문이나 잡지, TV, 라디오 등의 과대 광고의 최면(催眠)에 걸려 있는지도 모른다. 요즘은 조금씩 달라지고 있지만.

그러나 약은 거의 모두 부작용이 있는 것으로서 의학자들은 입을 모아 그 남용을 경고하고 있다. 안 먹어도 될 약을 먹고, 조금 먹어야 할 약을 많이 먹으며, 한 가지만 먹어야 할 약을 두 가지 세 가지 섞어먹고, 끊어야 할 약을 계속 먹는 경우가 많다.

약은 올바른 진단에 따라 바로 써야 하겠거늘, '세 사람

중 한 사람은 오진(誤診)되고 있다'고 하니 문제이다. 오진이 그 정도이면 오치(誤治)는 얼마나 될 것인가. 가벼이 들어 넘길 문제가 아니다. 요즘은 기형아, 장애아 등이 증가일로에 있어 심각한 사회문제가 되고 있는데, 이 또한 약물 오남용의 결과이기도 하다.

그러나 고가의 약을 많이 쓰는 것이 문화생활인 것처럼 비타민, 호르몬제, 강장제, 각성제, 소화제, 피로회복제 등의 남용은 거의 습관처럼 확산되고 있으니 큰 문제이다. '약은 반만 들어도 잘 듣는 것'이란 말이 있다. 우리나라는 예외였으면 좋겠다.

"신장병 증상의 하나인 '부증'을 줄이는 약은 있어도 신장병을 고칠 수 있는 약은 없다"고 어느 전문가가 외친 바 있다.

오늘의 신약은 동물실험의 결과를 거쳐 나온다. 그러나 인간은 동물보다 자연 회복력이 약하기 때문에 그 효과가 같을 수 없다. 그것보다도 인간은 정신신경, 심리, 감정의 영향이 크기 때문에 동물과는 다르다. 어떤 증상에 탁월한 치료효과가 나타난다고 떠들썩하던 명약(名藥)도 얼마 후에 큰 부작용이 나타나 의학계를 우울하게 하는 사례도 허다하다. 이런 현상이 어찌 한두 가지 약에 국한되겠는가?

신개발 약을 쓰는 것은 어쩌면 자기 몸을 몰모트처럼 실험용으로 제공하는 결과가 될지도 모를 일이다. 근래 속속 개발되고 있는 약들 가운데는 인술(仁術)이란 도덕적인 발상보다는 지나친 상혼(商魂)이 개입된 부정 의약품도 적지 않은 것 같아 생각할수록 걱정이 된다.

'사람은 병으로 죽는 것이 아니라 약으로 죽는 것이다'라는 말이 생각난다.

의사나 약사들은 자기 가족에게는 약을 안 먹이려고 무척 애쓴다고 한다. 어쨌든 약을 쓸 때는 아무리 좋은 약이라 하더라도 보다 신중한 태도로 임해야 할 것이다.

의성 히포크라테스는 일찍이 음식으로 고칠 수 없는 병은 의사도 못 고친다고 했다. 우리 동양에는 옛부터 의식동원(醫食同源)이란 말이 있다. 약과 음식은 같은 성질의 것이란 뜻이다. 같은 것이 아니라 식보(食補)가 약보(藥補)보다 낫다는 말도 있다. 그래서 주방이 약방이고, 밥상이 약상이며, 주부가 약사라고 생각한다.

수술도 마찬가지이다.

우리 고대의 윤리 가운데 효도의 시작은 '신체발부를 훼손하지 아니한 데서 비롯된다'고 했다. 이것은 우리의 몸에는 절대로 칼을 대서는 안 된다는 것이다. 수술 따위는 엄금하라는 것이다. 현실적으로 수술하지 않고는 생명을 건지거나 건전한 신체를 유지할 수 없을 경우에는 어쩔 수 없을 것이다.

수술을 안 해도 될 상처나 수술을 가벼이 생각해서 쉽게 칼을 대는 경우도 있는 것 같다. 불행히도 몸에 칼을 된 후유증은 어떤 형태로든지, 어떤 상황으로든지 칼을 안 대고 고친 만큼의 안전성이 없다는 말도 있다. 무엇인가 후유증이 뒤따른다는 뜻이다.

예를 들면 맹장염의 경우는 아예 처음부터 계획적으로

제거 수술을 해버리는 경우도 있는데, 맹장은 방위 호르몬이 생산되는 곳이기 때문에 맹장을 제거하게 되면 앞으로 방위 호르몬의 결핍이 우려된다고 한다. 편도선염이 생겨 이것이 성을 내거나 곪게 되면 곧 수술로 제거해 버리는 것이 통례로 되어 있는데, 이 편도선도 외부로부터 들어오는 세균 등을 막는 방위청의 역할을 하기 때문에 되도록 제거하지 않는 것이 현명하다는 것이다.

현재 부인들의 경우 걸핏하면 자궁수술을 해버리기 일쑤인데, 이것도 생각해 볼 문제이다. 특히 아기를 낳을 때 절개수술로 인공적으로 출산하게 되는 경우가 많은데, 이것도 자연의 법칙을 거역한 반자연적 행위이기 때문에 모체에게나 신생아에게 응분의 피해가 있을 것이 예상되는 것은 당연한 결과라 할 것이다.

필자는 절개수술로 출생한 신생아는 인생 첫 출발부터 반칙인생(反則人生)이라고 외치고 있다. 나올 때 정문으로 당당하게 못 나오고 옆문을 뚫고 나왔으니 말이다.

어쨌든 약 좋아하고 수술 잘 하는 사람 치고 건강한 사람 별로 없다는 사실도 알아두어야 한다. 현재에도 많은 의사나 약사들이 복약이나 수술을 줄이기 위해 노력하고 있고, 자기네 가족이 병이 나면 수술이나 약을 덜 쓰기 위해 신경을 많이 쓴다고 한다. 그 이유를 한번쯤 생각해 볼 일이다.

12. 수맥 위에서 살게 하라

1) 수맥 위에서 자게 되면 불치병에 걸린다

수맥(水脈)이라 하면 이 때까지 우리는 대수롭지 않게 여겨 왔다. 근자에 와서 매스컴에서 관심을 가지기 시작했고, 수맥이나 풍수지리 전문가들이 그 유해성을 강조하기 시작했으나 일반 대중들은 미신에 가까운 비과학적인 문제로 생각해 왔다. 특히 지식계층에서는 더욱 비과학적인 문제로 인식되어 온 것이 사실이다.

이 수맥 문제는 점차 현대 과학적인 조명을 받게 되었는데, 유럽 각국에서는 건축을 할 때 이 수맥을 중시하여 과학적인 기구로서 수맥을 탐지하여 그 수맥 위에는 집을 짓지 않도록 하고 있다. 특히 침실 쪽으로는 수맥이 지나지 못하도록 하고 있다고 한다.

이러한 현상은 근자 우리나라에서도 점차 그 관심이 고조되어 수맥탐사를 위한 기법의 개발과, 수맥이 흐를 경우 이 수맥의 파괴력을 방지할 방법의 연구와 실천 등이 부분적이나마 확산되어 가고 있다.

이 수맥의 문제는 널리 공인될 만큼 그 이론이 과학적·학술적으로 연구·개발되어 보편화되기까지에는 아직 더 연구가 계속되어야겠지만, 이 수맥의 파괴력에 노출될 경우 동식물의 건강과 숙명에 막대한 악영향을 끼친다는 사실이 속속 드러나 과학과 학술이 이것을 인정하지 않을 수 없게 되었다.

사람 몸 속의 혈관과 기혈의 순환처럼 수맥도 땅 속 깊숙한 곳에서 지각이나 암반 사이로 순환하되, 그 물줄기의 양을 확보하기 위해 지표 사이를 뚫고 지상의 물을 빨아들이려고 지각이나 암반에 균열을 일으키게 된다. 이 때 일어나는 큰 파괴력은 대단한 것으로서, 아스팔트 길 위나 단단한 담 벽이나 건물의 벽 등 가릴 것 없이 균열이 생기게 되는

데, 1층 건물 뿐만 아니라 수십층 고층 건물까지 예외가 아니라는 것이다.

그런데 지각의 에너지는 땅 위의 높은 능선에서 양기가 흐르고 낮은 골에서는 음기가 흐르는데, 이 음기는 수맥을 따라 평지에도 흐르고 있다고 한다.

이 수맥의 음기는 지상의 건물 내의 양기를 강력히 몰아내려 건물 내의 에너지 상태를 냉하게 함으로써 그 수맥 위에 살고 있는 사람의 양기를 크게 소모시키기 때문에 그 수맥의 영향을 받는 사람의 건강을 해치게 된다는 것이다.

예를 들면 어떤 지방의 부잣집 사랑채에 살던 노인이 이유 없이 병이 들어 죽은 뒤 그 방을 그 아들이 쓰게 되었는데 또 얼마 안 가서 그 아들마저 시들시들 앓다가 백약이 무효로 죽고 말아 그 집은 폐가로 낙인찍히게 되었다고 한다. 그런데 알고 보니 그 방 밑으로 강력한 수맥이 흐르고 있더라는 것이다.

또 어떤 외양간에 소를 길렀는데 송아지를 배어 낳을 날

짜가 가까워 오면 사산·유산해 버리는 것이 습관처럼 되었는데, 여기도 알고 보니 강력한 수맥이 흐르고 있었다고 한다. 그래서 그 위치를 조금 바꿔봤더니 아무 탈 없이 새끼를 순산하더라는 것이다.

필자도 출장 중 여관방에서 잠을 자는데 이유 없이 잠이 안 오고 기분이 우울하여 수맥 탐사봉과 추로 확인했더니 수맥이 흐르고 있기에 그 위치를 조금 바꿔놓았더니 아무 일 없이 잘 잔 일이 있다.

또 어떤 이는 강의나 방송을 할 때 이유 없이 기분이 안 좋고 힘이 빠져 고생을 했으나 뒤에 수맥의 이론을 알고 현재는 아예 강연이나 방송을 할 때는 먼저 그 자리의 수맥탐사를 하고 수맥의 의심이 나는 자리는 아예 피해 선다고 한다.

이런 사실은 동물에 국한된 것이 아니다. 정밀기계가 아무 이유 없이 가동이 잘 안 되어 고민 끝에 수맥탐사를 했더니 그 기계가 있는 자리 밑으로 수맥이 지나가는지라, 그

자리를 1m 정도 옮겨놓았더니 아무 일 없이 기계가 잘 가동되더라는 것이다.

이 수맥은 주택(양택)만의 문제가 아니라 음택(묘) 자리까지 영양을 끼친다고 한다. 묘자리 밑으로 수맥이 흐를 경우 시신이 썩지 않고 죽은 사람과 가장 가까운 사람에게 작용(파동)하여 건강상 문제가 생기는 경우도 있다고 한다. 이것을 동기감응(同氣感應)이라고 한다.

그래서 풍수지리학상으로 명당을 고르게 될 때는 가장 먼저 수맥을 보게 된다. 명당이라고 하는 좋은 묘자리는 수맥이 없어야 하는 것이 첫째 조건이 된다.

이와 같은 사실적인 자료에 의하여 근자에 와서 수맥의 탐지와 그 예방대책이 많이 연구되고 있는데, 첫째, 집을 지을 때는 반드시 수맥을 탐사하여 가능한 한 그 수맥을 피하는 것이 좋고, 부득이한 경우에는 그 피해를 줄이기 위해 예방책을 강구하는 것이 좋을 것이다.

그 수맥을 탐지하는 방법은,

① 대나무나 버드나무의 어린 가지를 휘어 수맥을 탐지
하는 방법,

② 수맥탐사봉을 가지고 탐지하는 방법,

③ 추를 이용하여 탐지하는 방법 등이 있다.

어느 것이나 누구나 할 수는 있으나 확률이 높은 탐사를
하기 위해서는 뇌파 안전과 정신집중 등 훈련이 필요하게
된다.

풍수전문가는 물줄기를 손으로, 육감으로 알아차릴 수 있
다고 하지만, 그것은 참으로 고차원의 능력이 필요하므로
아무에게나 기대하기란 어려운 것이 사실이다.

오랫동안 기거하는 사람으로서 큰 이유 없이 불치병에
걸려 그 어떤 치료법으로도 치료효과가 없고 오래 끌거나
악화되고 있으면 일단 수맥을 의심해 볼 필요가 있다고 본
다. 물론 수맥마다 다 그런 것은 아니고 사람마다 다 그런
피해를 보는 것도 아니다.

수맥은 수맥이되 그 파괴력이 약한 경우도 있고, 사람에 따라서는 체질적으로 수맥파를 이겨내는 체질이 강한 사람도 있기는 하나 침대 밑으로 수맥이 지나가는 데 오랫동안 기거하게 되면 자기도 모르는 사이에 체질이 약화되어 큰 병에 걸릴 확률이 높다는 것이다.

수맥은 미리 탐지하여 예방하는 것이 상책이나 부득이한 경우에는 집을 안 지을 수도 없고, 이미 지은 집이라 안 살 수도 없는 경우에는 그 피해를 줄이기 위한 대비책이 있다면 그 방법을 강구하는 것이 현명하다. 다행스럽게도 수맥의 파괴력을 방어할 수 있는 방법이 알려져 부분적이나마 활용하고 있으니 다행이라 하겠다.

그 대비책으로는

첫째, 동판을 까는 것이다.

수맥은 대략 좁은 폭을 가지고 흐르기 때문에 일정한 두께의 동판을 깔면 그 파괴력을 막을 수도 있다. 그리고 은박지도 이용하는데, 수맥의 강도에 따라 그 두께가 고려되어야 하므로 이 때는 전문가의 지도를 받는 것이 좋을 것이다.

이 밖에도 그 방어책이 속속 연구 · 발표되고 있으니 쉽게 일반화될 날이 다가오고 있다고 보여진다. 따라서 남편을 빨리 죽게 하려면 수맥이 강하게 흐르고 있는 침실을 골라 쓰게 하되, 되도록이면 그 방에 기거하고 있는 시간을 많이 가질 수 있도록 조처하는 것이 효과적일 것이다.

13. 시멘트 집에서 살게 하라

1) 집도 마당도 시멘트로 둘러싸인 집에서 살게 하라

앞서 집 자리의 수맥에 대해 설명한 바 있거니와, 그에 못지 않게 집을 어떤 건재로 지었느냐 하는 문제는 우리의 건강과 수명에 직접적 영향을 미치게 된다.

집은 비바람과 추위를 피하는 생활공간으로 인간이 살아가는 데 요람 역할을 하는 곳이다. 옛날에는 인위적인 집이 없이 동굴이나 바위 밑, 움막, 원두막 등에서 원시적인 생활을 하다가 나무, 돌, 풀, 짚, 흙 등의 자연소재로 집을 짓게 되었다. 그 때는 그러한 소재밖에 없었기도 하지만, 이러한 소재는 자연의 섭리에 따르는 순리(順理)의 소재였다.

이러한 자연소재는 우리 인간과 친화성을 가진 것으로서 따뜻하게 느껴지고 좋은 기(氣)가 발생되는 등 사람이 살기 좋은 소재로서 가장 적합한 것이었다. 그러나 사회가 발전함에 따라 집의 소재가 자연소재가 아닌 화학소재로 바뀌어져 보다 튼튼하고, 안전하고, 아름다우며, 오래 가는 현대 건축으로 발전하게 되었다.

생활은 편리하게 되었는데 화학소재로 짓다 보니 결과적으로 그 화학소재에서 흡수하는 온기와 방사하는 유해 냉기·독소 등이 인체에 해를 끼치는 유해소재가 되어버렸다.

예를 들면 요사이 건축은 거의 모두가 시멘트, 철물, 합성소재로서, 이러한 소재로 지은 건축물은 주거공간의 에너지를 교란시키는 한편 유독성 물질을 방출하여 인체를 해롭게 하는 결과를 가져왔다.

건축재료로 시멘트가 주가 되는 경우, 시멘트는 에너지와 습기를 흡수하는 한편, 냉기와 독기를 방출함으로써 인체를 해롭게 한다. 사실 요사이 시멘트는 공기 중의 습기를 흡수함으로써 공기가 건조하여 가습기를 써야 할 형편이고, 동일 조건의 온도일 때 더 춥게 느껴지는 것도 사실이다.

시멘트 방에서 살게 되면 호흡기 질환, 신경통, 냉증 등의 병에 걸리기 쉽지만, 나무나 흙담방에서는 아주 좋은 건강 상태를 유지할 수 있다고 한다.

시멘트 뿐만 아니라 각종 화학소재가 가세할 때 이러한 악영향은 더 커지게 마련이다. 요사이 화학소재 일변도로 지은 건축물로 인해 대도시의 공기가 너무 나쁘고 혼탁하여 그러한 대도시를 병드는 도시(sick town)라고 하는가 하면, 그러한 집들을 병드는 집(sick house)이라고까지 일컫기도 한다.

그것 뿐만 아니라 석면을 위시해서 보온을 위한 단열재를 쓰는 소재와 화학도료, 화학벽지, 화학목재 등에서 방출되는 나쁜 독기는 암을 위시한 각종 성인병의 원인이 되고 있다고 하지 않는가.

여기에 각종 가전제품의 전자파 등이 가세하면 그 피해는 사람이 살 수 없는 생활공간이 되고 만다. 아파트 등 고층 건물일수록 건강을 해치는 요인이 되고, 능선은 양의 기가 너무 세고 골짜기는 습기 등의 음의 기가 우세하니 좋지 않은 것이 당연하다.

　그래서 집을 지을 때는 앞서 설명한 바와 같이 수맥이 없는 자리를 골라 건강에 좋은 자연건재를 이용하도록 함이 좋은 것이다. 이러한 건재나 인테리어의 재질은 목재, 흙벽돌, 흙담, 자연석, 흙블럭, 자연섬유로 된 천이나 벽지 등을 들 수가 있다.

　요사이 관심거리가 되고 있는 것이 황토흙집이다. 우리는 옛날부터 흙담에다 짚으로 만든 지붕, 자연석으로 된 온돌에 나무를 때면서 살아왔는데 새마을 운동이 일어나고부터 이것을 모두 부수고 시멘트 집을 짓게 된 것이다. 물론 이것도 주거의 현대화 작업으로서 높이 평가되어야 하겠지만, 시멘트 일변도로서 인간의 건강 문제가 전혀 고려되지 아니한 점을 인식하지 아니할 수 없다.

　이러한 점을 고려하여 시멘트 일변도로 하지 말고 흙벽돌이나 온돌 등 재래식을 가미하여 인간의 건강도 고려한 건축이 바람직하다 할 것이다. 물론 황토집이라 하여 옛스러운 초가삼간이 아니라 현대화된 개량주택으로서의 황토

집을 말하게 되는 것이다.

참고로 '황토집'이 우리 건강에 이로운 점을 조금 더 들어보면, 황토에 열을 가하면 흙에서 내뿜는 복사열인 바이오 원적외선이 인체 내에 깊숙이 침투하여 세균의 작용을 억제하고 혈액순환이나 세포가 활성화된다고 한다.

인체는 대사과정에서 독소를 발생하면서 노화가 진행되는데, 황토흙의 강한 흡수력이 이 독소를 중화·희석시킴으로써 각종 성인병의 치료효과도 크다는 것이다.

몸이 고단할 때 뜨끈한 황토 온돌방에서 자고 나면 몸이 가뿐하다는 사실은 우리 일상생활에서 체험하는 사실이다. 이와 같이 황토에는 뛰어난 정화능력이 있으므로, 이것을 이용하여 좋은 물(지장)을 만들어 다양하게 쓰도록 전문가들은 권장하고 있다.

따라서 남편을 빨리 병들어 죽게 하려면 벽, 천장, 온돌 모두 시멘트로 된 집에서 생활하도록 하는 것이 아주 효과적일 것이다. 여기에 각양각색의 전자제품으로 둘러싸인 방에서 살게 하면 그 효과는 현저해질 것이다.

14. 전자파(電磁波)에 많이 노출시켜라

1) 전자제품에 둘러싸이게 하라

우리가 살고 있는 지구에는 자력(磁力)이 방출되고 있다. 그래서 우리는 큰 자장(磁場) 속에 살고 있으면서 언제나 그 영향을 받고 있다.

그러나 이 지구의 자장은 항상 일정한 자력이 방출되고 있는데 우리 몸에 전류(電流)가 흐를 정도는 아니라고 한다. 그러나 각종 전자제품에서 나오는 전파의 자장은 우리 몸 속을 전류(電流)가 흐르게 할 가능성이 높다고 한다.

이제까지 우리는 일부 우려의 목소리가 있었음에도 불구하고 가전제품(家電製品)에서 방출되는 전자파는 우리 건강을 해칠 정도는 아니라고 가볍게 생각해 왔다.

관련 산업체에서 대수롭지 않으니 안심하고 써도 좋다고 선전해 왔으나 그 피해가 만만치 않을 것을 우려한 일부 소비자 단체나 일부 과학자들에 의해 연구가 진행되어 왔는데, 선진국에서는 근래에 와서 그와 같은 전자파의 피해가 예상 외로 크다는 사실이 인정되어 정치·사회 문제화되고 있다고 한다.

미국에서는 휴대용 전화 때문에 뇌종양이 되었다는 소송이 일어나는가 하면, 전자레인지가 원인이 되어 백내장이 되었다는 소송 등 전자파의 문제가 법정 문제로까지 번져가고 있다고 한다.

일본에서도 근래 이 전자파의 문제가 자주 거론되고 있다고 하는데, 이를 테면 버스 안에서 휴대전화를 쓸 경우 동승한 옆자리 사람이 착용하고 있는 심장의 치료장치가 못쓰게 된다는 보고도 있고, 많은 병원에서나 통근열차 안에서도 휴대전화의 사용이 금지되고 있다고 한다. 비행기에서도 자동조정 장치의 오작동이 우려되어 이착륙시는 이러한 전자기기의 사용을 금지하고 있고, 승용차 안의 카폰이 자동차의 오작동을 초래할 우려가 있다는 보도가 있다.

우리의 경우도 컴퓨터 앞에 오래 앉아 있게 되는 사람들이 이유 없이 몸이 피곤해지고, 두통이 생기며, 불면증이 생기는 등 건강이 나빠지고 있다는 사실을 호소하는 예가 적지 않아 모두들 전자파의 피해일 것으로 생각해 그 대책에 관심을 가지기 시작했다.

전자파는 강하면 강할수록 그 영향은 크게 마련이라고 한다. 그러면 사람의 몸에 전류가 흐르게 되면 어떤 피해가 있는지 알아보자.

사람은 세포분열을 되풀이하면서 살고 있는데, 이 세포분열 때 전류가 흐르게 되면 유전정보(遺傳情報)를 전달하는 DNA에 이상이 생길 수 있다는 것이다.

이러한 세포는 거의 죽어버리게 되지만 암세포로 변질하는 것도 있다는 등 여러 가지 피해가 예상된다고 하지만, 아직껏 구체적으로 어느 정도의 전자파가 어떤 피해를 가져오고 있는지 결론 내릴 단계는 아니라고 한다.

그러나 크건 작건 간에 나쁜 영향을 미칠 것만은 사실일 것으로 짐작되어 그 과학적인 연구와 방어책이 관심사가 되고 있다. 현대 건축물 안에 갖가지 가전제품이 가득차 있는 이른바 문화수준이 높은 집을 '병 드는 집'(sick house)이라고 하는 유행어가 등장하고 있는 것은 시사하는 바가 크다 할 것이다.

현재 우리의 주택은 거의 모두가 병들기에 알맞은 집이 많다. 그 건축 용재(用材)가 거의 모두 화학재료이고, 그 집 안에 가득히 장만해 놓은 생활용품이 거의 모두 화학제품인 동시에 전자제품들이다. 주방에는 전자레인지, 가스레인지, 냉장고, 전기밥솥 등으로 가득차 있고, 거실이나 침실에는 TV, 오디오, 선풍기, 에어컨, 전화기, 형광등, 휴대전화, 컴퓨터 등으로 가득차 있다.

이들 일상용품에서는 많고 적고 간에 유해파가 나오고 있는데, 이렇게 많은 용품들로 가득차 있는 우리의 집은 그야말로 병들지 않을 수 없는 집이 되고 있다. 여기에는 근래 관심사가 되고 있는 수맥(水脈)까지 겸하게 되면 병드는 집이 아니라 '죽음의 집'이 되고 있는지도 모른다. OA 기기로 가득찬 공장, 회사, 공공기관도 예외는 아닐 것이다.

우리 사회에도 근래 이에 대한 관심이 고조되어 '수맥'과 '전자파'에 대한 서적과 탐지기구, 방어기구가 속속 개발되고 있음은 반가운 사실이다. 그러나 언제나 그렇지만 악덕 상혼(商魂)의 한탕주의가 판을 치는 우리 사회이고 보면, 이것 역시 저질기구가 범람하여 선량한 시민이 피해를 볼까 두려운 생각을 저버릴 수 없다.

어떻든 우리는 보다 더 깊은 관심을 가지고 이러한 피해를 줄이기 위한 자구책(自救策)을 강구해야 할 것을 절실히 느끼게 된다.

필자는 근래 수맥과 전자파의 탐지와 그 방어책에 대한 관심을 가지고 그 실체와 방어책에 대한 정보를 모아 일부 활용해 오고 있다. 예를 들면 수맥 탐사봉이나 패드륨(추) 등으로 수맥을 탐사하고, 수맥이 지나는 자리에 동판(銅版)을 덮어놓으면 수맥이 차단된다는 사실도 확인하고 있다.

이러한 가전용품에 접근할 때 크고 작은 것을 막론하고

전자파는 다 나오고 있다는 사실과, 간단한 방어물질로 그
전자파도 차단할 수 있다는 사실도 확인하고 있다. 이를 테
면 조그마한 전화기(휴대전화 포함)에서도 전자파가 나오지만
거기에 차단물질을 얹어놓고 탐지해 보면 전자파가 차단되
고 있음을 확인할 수 있다.

특히 휴대전화가 크게 우려된다고 한다. 차단장치도 없이
이것을 앞가슴에 매달거나 앞가슴쪽 주머니에 넣고 다니는
것은 그 유해파를 가슴에다 노출시키는 결과가 되어 그 피
해는 더욱 크다.

전자파 차단물질을 몸에 지니게 되면 전자파를 차단할
수 있게 된다. 따라서 일상생활에서 조금만 신경을 쓰면 그
피해는 줄일 수 있을 것으로 짐작하기 때문에 현대인들은
누구나 관심을 가져볼 만한 일이다.

다행이 우리 주변에는 이에 관심을 가지고 그 피해를 줄
이기 위한 방어제품을 연구·개발하는 사람이 많이 있고,
이미 수종의 방어제품이 개발·보급되고 있음은 반가운 사
실이다.

우리는 마땅히 이들 가전제품의 위치를 고려한 재배치와 그와의 거리는 3m 이상 떨어지도록 하고, 사용하지 않은 때는 전원을 끄는 등 세심한 배려가 있어야 할 것이다.

그리고 이미 개발된 방어제품을 쓰되 양질의 제품을 선별하여 활용하는 데도 신경을 써야 할 것으로 보인다. 이것은 각종 전자제품을 전자파로부터 우리의 건강을 지키는 필수적인 자구책(自救策)일 것이다.

따라서 남편을 빨리 죽게 하려면 수맥 위에 집을 짓되, 그 건재는 시멘트를 위주로 한 화학건재로 하고, 방 안에는 갖가지 가전제품을 꽉 차게 해놓고 휴대전화는 자나깨나 가슴에 달고 다니도록 한다면 그 빠른 효과는 예외가 없을 것이다.

15. 수입식품을 많이 먹여라

1) 유전자 조작식품을 많이 먹여라

우리 사회에서는 수입 농산물을 덜 먹고 우리 농산물을 즐겨 먹도록 권장하고 있다. '신토불이'(身土不二)란 말이 높이 평가되고 좋은 먹거리를 위한 슬로건으로 애용되고 있다.

이 '신토불이'란 말은 석가모니 부처님이 설교하신 말이라고 한다. 그 우주 삼라만상의 진리를 꿰뚫은 예지에 다시 한 번 감탄한다.

사람은 그 지방에서 생산되는 먹거리를 먹어야 건강하고 오래 살 수 있도록 자연의 섭리가 그렇게 되어 있다는 것이다. 사람이 그 지방에서 잘 살려면 햇빛과 기온과 비바람, 토질, 주택, 의복, 먹거리가 잘 맞아야 하는데, 그 가운데 특히 먹거리가 중요하다는 것이다.

동물은 먹거리의 양과 질이 안 맞으면 자연도태되거나

다른 곳으로 이동하지 않으면 거기서는 살아갈 수 없게 된다. 자연은 우리가 건강하게 잘 먹고 잘 살게 하기 위하여 우리 주변에 철따라 이런 먹거리를 섭리해 주었음을 깨달을 때 참으로 경탄하지 않을 수 없다. 옛날에는 이런 먹거리만을 먹지 않을 수 없었고, 그것이 순리(順理)의 식사법이었던 것이다.

우리는 현재 그 먹거리의 생명력이야 있거나 없거나, 우리 몸에 이롭거나 해롭거나를 가릴 것 없이 맛있고 값싼 것을 선호하고 있다.

우리 사회에서도 수입 농산물이 우리 농산물만 못하다는 것쯤은 알고 있기 때문에 우리 농산물을 먹고자 한다. 그러나 수입 농산물 가운데는 낟알이 크고 먹음직스러운 데다가 값이 헐하기 때문에 우선 먹고 보자는 식으로 많이 먹게 되지만, 일부 악덕상인들은 이것을 국산 농산물과 섞어 모두 국산 농산물이라고 속여 폭리를 취하는 경우도 있어 저질식품을 비싼 값으로 사 먹는 안타까운 상황도 벌어지고 있다.

신토불이의 원리에 따라 수입 농산물은 우리 몸에는 우리 농산물만 못한 것이 사실이다. 그것의 생산, 수입과정을 보면 더 불리한 조건들이 있다.

첫째, 생산비를 덜 들이고 생산고를 올리기 위하여 화학비료와 성장촉진제, 농약을 많이 쓸 우려가 있는가 하면,

둘째, 수송·보관과정이 길기 때문에 그 변질을 막기 위하여 과다한 약품처리를 하게 될 우려가 있다는 것이다.

셋째, 이것보다 더 염려스러운 것이 유전자 조작(遺傳子 操作) 농산물일 우려가 있다는 것이다. 이것은 오래 전부터 민간단체나 양심적인 과학자들에 의해 유해성이 경고되고 있지만, 식량증산과 수출증대를 목표로 하는 정부나 관련 산업체에서는 아직도 유해성은 걱정할 것 없다고 떠들어대지만 사실은 요사이 와서 세계 각국은 그 수입규제에 관심을 기울이고 있다.

우리의 경우 대다수의 밀, 콩, 옥수수 등이 수입 먹거리가 되고 있는데, 이들 농산물과 그 가공품이 거의 별 규제 없이 우리의 일상적인 식탁을 점유하고 있다.

이런 농산물, 축산물, 해산물은 그 통조림, 유제품, 포장육, 기타 각종 가공식품 등을 계속 먹게 될 경우 우리의 체격은 커질지 모르나 체질은 약화될 수밖에 없다. 즉 이로 인하여 우리의 면역력과 자연치유력이 약화되어 각종 질병에 잘 걸리고, 한번 걸리면 잘 낫지 않는 결과를 가져오게 된다. 즉 국민 반건강 시대를 만들게 되는 것이다.

우리에게 농산물, 축산물, 해산물, 각종 가공식품 등을 애써 수출하고 있는 미국, 호주, 캐나다, 중국 등 나라들에 있어서는 자국 국민들의 먹거리와 수출하는 먹거리는 구분하고 있다고 한다. 이들의 수입을 감시하는 우리의 검역기구들을 믿을 수 있을지 더욱 걱정이 된다.

어떻든 신토불이의 원리에 따라 먹거리만은 수입이나 수출등 유통을 안 하는 것이 좋겠으나, 현실적으로 어렵다면 그 감시체제만이라도 강화되어야 할 것으로 본다. 국가가 이것을 못 지켜준다면 큰 문제이다.

그런데 여기서 한 가지 밝혀두고자 하는 사실이 있다. 그것은 '신토불이'의 일반론에 입각하여 우리는 한국 사람이기 때문에 한국 농산물을 먹자는 것이 아니라 우리 농산물의 우수성을 들지 않을 수 없다. 즉 지리학적으로 우리의 풍토가 우수하다는 것이다. 생명력인 기(氣)가 특수하다는 것이다.

대륙성 기류와 해양성 기류가 마주치는 곳으로 대륙성 기(氣)와 해양성 기(氣)가 많이 머무르게 되고, 춘하추동의 사계절이 교차함에 따라 봄의 기, 여름의 기, 가을의 기, 겨울의 기가 충만하기 때문에 이러한 풍토에서 자란 농산물은 자연히 그 생명력인 기(氣)가 강하다는 것이다.

곡류도 그렇지만, 인삼을 비롯한 약재, 해산물, 축산물도 그렇다는 것이다. 우리 한국이 긴 역사를 이어 오면서 지정학적으로 불리한 한반도에서 외침에 시달리고 가난에 시달리면서 이렇게 번창해 온 것은 좋은 풍토와 먹거리의 우수성 때문일지도 모른다.

이렇게 은혜로운 국토에 살면서 값이 조금 싸다거나 맛이 조금 좋다고(가공식품) 해서 수입식품을 선호하는 것은

생명력을 단축시키기 위한 어리석은 자해행위임을 자각해
야 한다.

　이러한 자각도 없이 세계화의 물결에 밀려 수입문물을
숭상하다 못해 의식주 생활의 서구화가 현대화인 것처럼 날
뛰고 있는 경고망동하는 꼴은 지각이 있는 사람으로서는 차
마 볼 수 없는 광경이다.

　시멘트 집에서 가전제품을 방안 가득 채워놓고 수입식품
이나 가공식품을 즐겨 먹고 있으면 체질이 약화되어 이내
병에 걸려 단명이 될 것이 번연하다. 더구나 수입식품 가운
데 각종 과일, 유제품, 통조림 등 맛도 있고 먹기도 좋아 이
것을 즐겨 먹고 있으면 생명을 단축하는 효과가 클 것이 틀
림없을 것이니, 이 말을 못 믿겠거든 애써 실천해 보라! 예
외는 없을 것이다.

제2장

이렇게 하면 남편이 오래 산다

제2장

"남편을 오래 살게 하는 비결"
이렇게 하면 남편이 오래 산다.

1. 단식(斷食)을 시켜라

새로 개발된 김동극식 단식건강법

이 단식건강법 앞에 내 이름을 넣어 '김동극식 단식건강법'이라고 내세우는 것은 조금 쑥스럽기도 하나 그 이유가 있다. 그것은 지구촌이 생긴 이후 그 많은 단식 책이나 방법 가운데 그야말로 처음 개발한 방법이고, 지금까지 단식방법 상의 문제와 애로 등을 완벽하게 보완한 혁명적인 방법이며, 누구나 일상생활을 정상적으로 해나가면서 쉽게, 안전하게 할 수 있고, 그 효과도 뛰어난 독특한 방법이기 때문이다.

필자가 30여 년에 걸쳐 60여 회의 단식을 실천하면서 보다 쉽고 안전하고 효과적인 방법을 개발하기 위해 모험적 실험으로 일관해 온바, 이 방법으로 정착시키는 데까지는 생사의 갈림길을 드나든 적도 한두 번이 아니었다.

그러나 그 때마다 필자는 '단식으로 건진 이 목숨 단식연구의 재단 위에 바쳐도 좋다'는 일념으로 추진해 왔다. 지성이면 감천이라 했던가? 나는 그렇게 자부하면서 자신 있게 세상에 김동극식 단식건강법을 내놓게 된 것이다.

이미 많은 사람이 실천해서 그 놀라운 효과에 경탄하고 있다. 특히 대구대학 김전권 박사는 대학원(박사과정)에 들어오는 학생들에게는 의무적으로 지도한 바 있는데, 5년 동안에 무려 1,000명 정도나 지도하면서도 예외 없는 성과를 거두어 왔다. 일본의 저명인사 몇 사람도 실천하여 효과가 놀라워 주위에 확산시키고 있는데, 그 활동의 하나로 나의 이름의 단식도장을 세울 계획을 추진하고 있다고 한다.

단식은 1년에 1~2번 정도 함으로써 세속적으로 오염된 심신이 정화되어 생활습관병이니 체질병이니 하는 불치의 만성병이 예방·치유됨은 물론, 정신적인 변화나 사회성의 변화, 영성적(靈性的)인 변화 등 전인적인 변화가 이루어지게 됨은 많은 체험자들이 입증하고 있다.

따라서 남편을 오래 살게 하려면 무엇보다도 먼저 단식을 시켜서 오염된 심신을 정화(淨化)하는 것이 선행(先行)되어야 한다.

이 방법은 보식 때 밥을 바로 먹는 것이 특징인데, 이 때까지의 체험으로 보아 위험천만한 선입감이 들어 도저히 믿어지지 않을지 모르지만, 이미 2,000여 명의 실천자들에 의해 안전하고 효과적임이 입증되었기에 자신 있게 권하는바, 앞으로 세계적으로 확산될 것이라고 자부하고 있다.

1) '단식' 앞에는 걸림돌도 많다

단식(斷食)이 숙변과 노폐물을 제거함으로써 체질을 개선하여 질병을 예방 · 치유하는 데 위력을 발휘하고 있다는 것은 이미 널리 알려져 있는 사실이다.

그러나 막상 실천하려고 하면 만만치 않은 저해요인이 앞을 가로막게 되는데, 이를 하나하나 들어보자.

첫째, 단식도장에 들어가서 하는 것이 바람직하기는 하지만, 적어도 15~20일간 일손을 놓고 단식도장에 들어간다

는 것은 할 일 없이 놀고 있는 사람이 아닌 이상 그리 쉬운
일이 아니다.

둘째, 설사 큰 마음 먹고 도장에 들어가기로 결심하려 해
도 소요되는 보조음료나 지도에 대한 사례비 등의 부담도
만만치 않다.

셋째, 어디서 하든지 공복감(空腹感)이나 탈력감(脫力感)을
이겨내기가 어려워 도중하차해 버리는 경우가 많다.

필요한 음료를 약간씩 공급하면서 하는 변형(變形)단식도
있기는 하다. 그것도 정도의 차이가 있을 뿐, 불편이 전혀
없을 수는 없다.

넷째, 명현(瞑眩)현상을 극복하기가 어렵다.

명현현상은 재생반응(再生反應)이라고도 하는데, 질병의
호전반응으로서 반갑게 맞이하여 극복해야 하는 단식반응
이기는 하나, 이것이 너무 다양하고 심한 경우가 많아 그 고
비를 넘기지 못하고 주저앉아 버리는 경우가 많다.

다섯째, 이상반응(異常反應)이 있을 경우 위험한 상황으로
치달을 우려도 있다.

단식중에는 호전반응이 아닌 이상반응도 있을 수도 있다. 단식을 해서 안 될 사람이 했거나 단식방법이 적절하지 못할 때는 이상반응(특이반응, 단식중독)이 일어날 수도 있는데, 이 때 슬기롭게 대처하지 못하면 위험한 상황으로 치달을 수도 있다.

여섯째, 숙변(宿便)의 배출이 잘 안 되는 경우가 있다.

마그밀을 먹으면 녹아 나오게 된다고는 하지만 확인하기도 어렵고, 그것조차 점차 많이 먹어야 설사가 나는 형편이다. 단식의 일차적 목적은 숙변 제거인데 이것이 시원치 않다는 것은 문제가 된다.

일곱째, 보식(補食) 때 회복이 잘 안 될 우려가 있다. 단식이 끝난 다음 회복이 순조로워야 하는데, 식욕은 돌아와 먹고 싶기는 한데 먹으면 소화가 안 되어 점점 쇠약해지는 경우가 있는가 하면, 빨리 회복할 욕심으로 조금이라도 더 먹게 되면 과식이 되어 고통을 겪게 되는 경우도 적지 않다.

2) 현대인들은 단식에 약하다

나는 『가정에서도 쉽게 할 수 있는 단식건강법』(등지사)을 낸 뒤 현재까지 약 5,000명의 단식지도(면접, 전화)를 해오고 있고, 최근에 수험생을 위한 『3일 단식건강법』(아침나라)도 낸 바 있는데, 이처럼 단식지도를 통해 현대인들, 특히 젊은이들은 '단식'에 약하다는 사실을 절실히 느끼고 있다. 현재 우리 젊은이들은 체격(體格)은 커졌지만 체력(體力)이나 지구력, 인내력, 극기력(克己力)은 약해지고 있다는 것이다. 현재의 의식주 생활, 특히 그릇된 식생활과 과잉보호가 몰고온 필연의 결과라 할 것이다.

정제(精製), 가공(加工), 첨가(添加)식품이 주종을 이루고 있는 현재의 식생활이고 보면, 노폐물과 독소가 많이 쌓여 있을 현대인들이기에 그 제독(除毒), 정화(淨化)를 위해서 단식수행이 꼭 필요하나, '단식수행'(斷食修行)을 해낼 만한 체력이나 정신력이 약화되어 가고 있다는 것이 큰 문제이다. 단식수행의 효과가 제아무리 뛰어나다고 하더라도 실행할 수 없다면 그림 속의 떡이 되고 마는 것이다.

3) 이 방법은 보다 안전하고 효과적이다

그래서 나는 ① 공복감이나 탈력감도 덜하고, ② 일상생활을 그대로 해나가면서, ③ 돈 많이 들지 않고 자기 집에서 할 수 있고, ④ 명현현상도 덜하며, ⑤ 이상반응도 없고, ⑥ 숙변도 잘 배출되며, ⑦ 회복도 순조로운 단식, 즉 안전하고 수월하여 누구나 쉽게 할 수 있되 효과가 높은 방법의 개발을 위해 내 몸을 실험대에 올려놓고 연구와 실험을 계속해 왔다.

최근에 위와 같은 걸림돌을 한꺼번에 거의 다 제거할 수 있다고 할 만큼 우수한 방법을 연구 · 개발하는 데 성공했다고 자부하면서 자신 있게 권장하고 있는 방법이 여기서 소개하는 '① 야채발효 효소 + ② 섬유식품 + ③ 커피 관장 + 1일 완전단식' 이다.

4) 이 방법은 야채 효소+섬유식품+커피 관장+
   1일 완전단식이 그 특징이다

'단식'은 생수(生水)단식이 전통적인 단식이기는 하나 현대인들은 이 생수단식을 해낼 만한 체력이나 정신력을 갖고 있지 못한 것 같아 근래에는 필요물질을 약간 공급하면서 하는 이른바 변형(變形)단식이 권장되고 있다. 단식에 대하여 전문의(현대 의학)들도 변형단식이 생수단식보다 안전하고 자가융해(自家融解)도 촉진되어 단식의 효과가 더 커지는 과학적 방법이라고 권장하고 있다.

일반적으로 시행되고 있는 변형단식으로서는 포도단식, 청즙단식, 우유단식 등이 있는데, 의사들은 표고단식(일본), 효소단식(일본), 청즙단식(유럽·미국) 등을 권장하고 있다.

이러한 사실적인 효과를 검토해 볼 때 생수단식은 신앙심이나 정신수양을 위한 수도(修道)적인 목적을 가진 단식으로는 적합할지 모르지만, 현대인들은 수행해내기 어려운 방법이다.

5) 구체적인 방법은 이렇다

야채효소와 섬유식품을 섞어 마시고 커피 관장을 하는 이 방법은 일반적인 단식방법과 같이 ① 예비단식, ② 본단식, ③ 보식 등을 비롯한 모든 절차와 방법, 유의사항 등이 모두 같다. 생수만이 아니고 효소음료를 공급하면서 하는 변형(變形)단식의 일종일 뿐이다. 따라서 생수 대신에 '야채효소'와 '섬유식품'을 섞어 마시는 것과 '마그밀'만 먹는 것이 아니라 '커피 관장'도 하고 1일 완전단식을 하는 것이 다를 뿐이다.

이제 이 방법을 구체적으로 설명하면 대략 다음과 같다.

예비단식(3일)

본단식 7일일 경우 예비단식은 보통 7일 정도로 잡고 있다. 그러나 이 방법은 3일 정도 줄일 수 있다. 평소 소식하는 사람은 2일로 줄여도 좋다.

3일로 줄일 경우 제1일은 밥을 평소의 50% 정도 꼭꼭 씹어먹고, 제2일은 보통의 죽을 반 사발 정도 먹으며, 제3일에는 현미 미음을 한 공기 정도 먹으면 된다. 예비단식 마지막 날 저녁에 구충제를 복용하는 것을 잊어서는 안 된다.

본단식 (6일)

단식의 (생리적·심리적·정신적) 효과를 기대하려면 본단식 7일은 해야 할 것으로 본다.

생수 대신으로 몇 가지 보조식품을 섞어 마시게 되는데, 그 1회 분량은 다음과 같다.

야채효소 50cc와 코론크린스/1순가락(순가락)을 생수 200cc에 타서 곧바로 마시되 천천히 씹어 먹듯이 마신다. 이것이 한번 분량이다.

아침은 빼고 점심, 저녁 2번 마시는 것을 원칙으로 하나 아침이나 잠자기 전에 1번 더 마셔(3번)도 된다. 그 사이 사이 감잎차를 조금 마시는 것도 좋다. 위염, 위궤양 등 위장병이 있는 사람으로서 속이 쓰리거나 아플 때는 복용하는 음료와 생수의 양을 전체적으로 줄이고, 제산제(미란타 등)를 정도에 따라 하루 1~3번(1회 1봉) 정도 복용한다.

이것을 본단식이 끝날 때까지 6일간 계속한다(완전단식 때는 복용 중단).

완전단식(24시간)

본단식 6일을 마치고 7일째 날은 완전단식을 하루(24시간) 한다. 완전단식이란 하루종일 물 한 모금 안 마시는 단식이다.

하루 완전단식의 경우 오후가 되면 갈증이 심하고 입이 몹시 말라 고통을 겪는 경우가 있다. 이럴 때는 물을 한 모금씩 물었다가 뱉는 정도는 해도 된다.

이 때에도 물을 한 모금도 넘겨서는 안 된다. 이것은 누구나 능히 참을 수 있으니 걱정할 일이 아니다.

이 완전단식이란 6일째 먹어오던 효소, 코론크린스도 안

먹고 물도 일체 안 마시는 것이다. 커피 관장도 이날만은 해
서는 안 된다. 이 과정이 가장 중요한 역할을 한다.

보식 (2~3일)

이러한 완전단식을 한 다음날 아침에 첫 보식으로 밥을
먹는다.

보식 때 바로 밥을 먹는다는 것은 이 때까지의 이론이나
체험으로 보아 위험천만한 발상이라고 생각되지만 절대 안
전하다는 사실을 많은 수행자들이 입증하고 있다.

보식 첫날부터 바로 밥을 먹되 분량은 커피 잔 한 컵 정
도로 하고, 반찬은 된장(생장)이나 죽염을 조금씩 찍어먹는
정도로 한다. 그리고 물은 식사 후 2시간 뒤에 마시도록 한
다. 그러나 너무 찬 것은 안 된다. 마른 밥을 꼭꼭 씹어 먹되
밥을 먹고 2시간 뒤에 물 마시는 것을 철저히 지켜야 한다.

일상적으로 돌아가도 국에 말아먹거나 밥 먹은 직후 물
을 마셔서는 안 된다. 웬만한 위장병은 이 방법으로 1개월

정도면 완쾌된다.

약 3일 정도 이렇게 섭생을 하여 위장을 잘 다스린 뒤에 정상식으로 들어가게 되는데, 이 때에는 너무 차가운 생수나 생야채, 과일 등은 적게 먹는 것이 좋다.

하루 3끼 식사를 하더라도 현미 잡곡밥을 적어도 50번 이상은 씹어 먹되 국이나 물은 밥 먹은 뒤 2시간 지나서 마시도록 해야 한다. 밥 먹기 2시간 안에도 물을 마셔서는 안 된다.

이렇게 하면 위장병뿐만 아니라 모든 병이 없어지고 건강이 증진된다. 밥과 물을 따로 먹는 이 방법은 모든 사람의 건강을 위한 비법(秘法)이다. 실천해 보면 그 신비한 효과를 체험하게 될 것이다[자세한 것은 이상문 저, 『밥 따로 물 따로 음양 식사법』(정신세계사)을 참고하기 바람].

커피 관장(7~8회)

본단식 첫날에는 마그밀을 먹고 설사를 하고, 본단식 2일부터는 이 '커피 관장'을 해야 한다. 마그밀만 먹어도 숙변이 나온다고는 하지만 완전하지는 않다. 직접 관장을 해서 자기 눈으로 왈칵 쏟아지는 숙변을 몇 번이나 보고 나면 몸이 날아갈듯이 가벼워지고 머리가 맑아지는 것을 즉각 체험하게 된다. 마그밀은 큰 설사를 할 만큼 많이 먹어야 한다.

6) 숙변은 무섭다

우리가 일상적으로 먹는 음식물 찌꺼기는 대변으로 배출되지만 그 일부와 노폐물은 장 벽에 달라붙어 숙변이 된다. 콜타르처럼 찐득찐득한 숙변이 부패하면서 독소를 발생하게 되는데, 이 독소는 간장, 두뇌, 혈관들에 나쁜 영향을 끼쳐 건강을 해치게 된다. 즉 숙변이 정체되거나 만성변비가 있게 되면

첫째, 그 독소가 간장으로 가서 간기능을 떨어뜨려 만성피로, 정력감퇴, 숙취, 음주 후 설사 및 각종 간장병을 초래하게 되고,

둘째, 피를 탁하게 만들어 손발을 차게 하거나 마비시키기도 하며, 요통, 어깨결림, 신경통, 심하면 뇌출혈, 중풍 등 갖가지 혈관질환을 초래하고,

셋째, 그 독소가 뇌에 침범하여 뇌혈관을 마비시켜 기억력 감퇴, 두통, 불면증, 우울증, 히스테리, 심하면 치매, 정신착란까지 일으키게 된다고 한다.

그런데 유아를 제외한 거의 모든 사람들에게 상당량의 숙변이 정체되어 있지만 우리는 이를 대수롭지 않게 여기고 있는 것이 문제이다. 단식을 하면 보통 성인의 경우 3kg 정도, 많으면 5kg 정도의 숙변이 나오고 있다.

근래에 와서 이 숙변이 만병의 원인이란 사실이 널리 알려지기 시작하여 많은 사람들이 이의 제거(除去)를 위해 관심을 가지기 시작함에 따라 이를 제거하기 위한 약품이나 보조식품도 많이 유통되고 있다. 일부 병원에서는 장 세척도 하고 있다. 그러나 그 어떤 방법보다도 단식이 보다 완전한 방법일 것으로 인식되어 이를 시도하는 사람이 늘어나고 있다.

단식에 있어서는 숙변 제거를 위하여 완화제이자 제산제인 '마그밀'을 많이 쓰고 있다. '마르밀'은 독성이 없어 단식중에 먹어도 부작용이 없지만, 대개의 경우 일시에 많은 양의 숙변을 배출하는 것이 아니라 서서히 녹여내게 되므로 한꺼번에 왈칵 쏟아져 나오는 상쾌감을 맛볼 수 없고 숙변 배출을 직접 확인하기도 어렵다.

또한 어쩌면 숙변이 나오지 않는 것 같기도 하고, 나온다고 하더라도 불완전한 것 같은 아쉬움이 남게 된다. 그래서 '마그밀'을 먹더라도 인위적인 관장을 하게 되는 경우가 많다. 관장은 숙변 배출을 촉진하기 위하여 다른 물질을 조금 섞어 쓰는 방법도 이용된다. 효소 관장, 글리세린 관장, 레몬즙 관장, 커피 관장 등이 그것이다.

7) 커피 관장은 이렇게 한다

위에서 언급한 여러 가지 관장법 가운데 '커피 관장'이 가장 효과적이라는 사실이 알려져 근래 많이 권장되고 있다. '암' 치료로 세계적으로 유명한 의학자인 독일의 막스 거슨 박사는 암 치료를 위하여 하루 5번 관장을 실시하여 기적적인 효과를 거두어 왔다고 한다. 관장액으로 이용되는 '커피'는 간(肝)과 담낭을 자극하여 독소를 배출하고 그 기능을 강화해 주는 데 위력을 발휘한다고 한다.

거슨 박사는 거의 모든 질병은 간이 허약하여 제구실을 못하기 때문에 발생한다고 강조해 왔다. 그는 간이 약화되는 원인을 숙변으로 보고 숙변의 제거를 위해 여러 가지 관장을 해본 결과 커피 관장이 그 효과가 가장 뛰어나다는 판단 아래 커피 관장을 적극 권한다. 그 커피 관장은 대략 다음과 같이 한다.

① '무공해 커피' 가루를 2숟가락(밥숟가락)을 거즈에 싸고 1리터의 물을 부어 충분히 끓인다.
② 끓인 커피를 체온 정도로 식혀 관장기 물통에 넣는다. 이 때 마그밀 액체나 야채효소를 한 숟가락(밥숟가락) 정도 섞으면 더욱 좋다.

③ 방 바닥에서 1~1.5m 정도의 높이로 관장기를 걸어놓고,

④ 관장기 삽입대에 기름이나 글리세린을 조금 발라

⑤ 오른쪽을 아래로 하여 누워 두 다리는 오므리고 삽입대를 천천히 항문에 삽입한다. 좀 깊이 삽입함이 좋다.

⑥ 관장액이 다 들어가면 삽입대를 빼고 복부 맛사지를 한다.

⑦ 15~20분 정도 참았다가 배변한다.

⑧ 변의(便意)가 심하여 참기 어려울 때는 휴지 등을 뭉쳐 항문을 꼭 누르고 참아야 한다.

⑨ 변기에 성근 천(모기장이 좋음)을 걸쳐 배설물을 받다 보면 찐득찐득한 회갈색의 점액성 물체나 토끼똥, 염소똥 같거나 타이어 조각 같은 물체가 발견된다.
그것이 숙변인데, 경우에 따라서는 그 양이 엄청나게 많은 데 놀라게 된다(3kg~5kg).

⑩ 본단식 첫날부터 보식 2일경까지 매일 1회 식전에 실시하는 것이 좋다.

⑪ 대개 본단식 후기에도 숙변이 나오게 되는데, 숙변 같
　　은 것을 볼 수 없더라도 2~3회(보식 때) 더 하는 것이
　　좋다. 완전단식(7일째) 날은 커피 관장도 안 한다. 체
　　내 수분 공급을 안 하기 위함이다.

8) 재료를 충분히 준비해야 한다

이 방법으로 단식을 하려면 다음과 같은 재료가 준비되
어야 한다.

① 야채효소(야채 발효 액기스)
② 코-론크린스, 코-롱 화이버(섬유식품)
③ 마그밀
④ 관장기
⑤ 감잎차
⑥ 무공해 커피(구할 수 없으면 분말 원두커피, *인스턴트 커피는
　　절대 안 됨)

이 모든 것을 한국자연건강회(02-742-0661)에서 공급하고 있다. 전화로 문의하면 상담도 할 수 있으며, 필요량만큼 가정으로 배달도 된다.

이 방법은 재료비가 상당액 필요하게 된다. 그러나 병원에 가서 치료를 받는 데 비하면 경미한 부담이다.

단식은 칼을 쓰지 않는 대수술이라고 하지 않는가. 경제적 부담이 된다고 해서 이것조차 줄일 경우 단식의 효과는 크게 기대하기 어려울 뿐더러, 여러 가지 저항으로 도중하차하게 될 우려가 짙게 된다.

9) 단식도 실패할 경우가 있다

단식은 체질을 개선하여 건강을 증진하고 질병을 예방·치료 하는 것은 물론 정력증강, 뇌력(腦力)증진, 정신수양, 영성(靈性)개발을 위해서도 탁월한 효과를 발휘하고 있다는 것은 이미 널리 알려진 사실이다.

그러나 어떤 심한 병이라도 다 완치된다는 과신(過信)은 위험천만이다. 많은 지도 경험으로 보아 더러는 실패하여 역효과를 내는 경우도 있음이 사실이다. 그러나 실패하는 경우에는 반드시 실패의 요인이 있었던 것이다. 그것은 처음부터 단식을 해서는 안 될 사람이 했거나 잘못 했을 경우이다. 단식의 책임이 아니라 그 사람의 책임인 것이다.

그러면 해서 안 될 사람은 어떤 사람인가?

첫째, 중병환자

단식이란 사실은 질병을 치료하는 것보다 예방하는 데 무게를 두어야 한다. 따라서 건강할 때 1년에 1~2회 정도 실시해서 체질을 개선함으로써 건강이 증진되고 질병이 예방되는 것이다.

그러나 중병환자에게는 효과가 없다는 말은 아니다. 일류 병원에서 안 되던 중병환자가 단식으로 거뜬히 나아버리는 예가 더러 있다. 그러나 그것은 반드시 도장에 들어가거나 전문가의 지도를 받았을 경우이다.

환자는 그 병이 무거우면 무거울수록 심한 명현현상이
일어난다. 명현현상은 비록 호전반응이라고 할지라도 심하
면 걷잡을 수 없게 된다. 지식과 경험이 풍부한 전문가의 판
단 아래 적절한 조치를 강구해야 한다. 그렇게 하더라도 안
되는 병이 있다. 그러므로 중병환자의 단식은 전문가와 협
의해서 신중히 대처해 나가야 한다.

둘째, 너무 쇠약한 사람

기력이 너무 쇠약한 사람은 안 하는 것이 좋다. 그 이유
는 쇠약한 사람은 단식을 수행하기도 어렵지만 회복이 잘
안 되기 때문이다.

성인의 경우 체중이 40kg 미만이 될 정도로 쇠약한 사람
은 이에 해당된다. 그런 사람은 대개 병이 있거나 체질이 음
성으로 너무 기울어져 단식에 맞지 않는다. 이런 사람이 단
식을 하게 되면 너무 탈진(脫盡)되어 좋아지지 않을 우려가
있다.

셋째, 의지가 약한 사람

단식은 자기와의 싸움이다. 굳은 신념과 의지로 자기와의 싸움에서 이겨야 한다. 변형단식을 한다 하더라도 공복감, 탈력감, 명현현상이 전혀 없는 것은 아니다. 이것들을 신념과 정신력으로 이겨내야 한다.

넷째, 제멋대로 하는 사람

단식은 효과가 놀라운 반면에 지켜야 할 수칙(守則)이 많고 엄격하다. 당초의 계획대로 수도(修道)하는 각오로 철저히 수행해야 한다. 예비단식을 소홀히 한다든지 보식 때 서둘러 과식한다든지 하는 사람은 실패하기 알맞다.

다섯째, 뒷조리를 잘못 하는 사람

단식은 잘 수행하고도 뒷조리(섭생)를 소홀히 하여 효과가 약한 경우가 많다. 단식 후 약 3개월 정도는 요양(療養) 기간이라고 생각해야 한다. 특히 맹렬히 덤벼드는 식마(食魔:食慾)와 색마(色魔:性慾)를 일정 기간 물리칠 수 있어야 한다.

이 방법은 변형(變形)단식의 하나로서 부분적으로 시행되어 오던 '효소단식'을 더욱 발전·보완한 방법으로서, 최근 나 자신은 물론 많은 주위 사람들에게 실시해 본 결과 예외 없는 좋은 결과를 확인하고 현재 자신 있게 권하고 있는 방법이다.

대구대학 김정권 박사는 지난 5년 사이에 1,000여 명을 지도해서 좋은 성과를 거두어 왔고, 일본에서도 실천하는 사람이 늘어나고 있는 실정이다. 지면 관계상 여기서는 이 정도로 그친다.

✌〈참고〉
① 김동극 저, 『수험생을 위한 3일 단식건강법』(아침나라, 2002).
② 김동극 저, 『김동극식 단식건강법』(아침나라, 2003).

2. 음양식사법(陰陽食事法)을 실천케 하라

20세기는 물질문명의 극치를 이루어 의학이나 영양학도 눈부신 발전을 이룩했다. 그 반대급부로 국민의 체질은 약화되고 불치의 만성병 환자는 증가 일로에 있는바, 그 발전된 의학이나 영양학으로도 이러한 체질의 약화나 만성병을 극복하지 못하고 있다.

20세기를 3차원(물질)의 시대라고 한다면 21세기는 4차원(정신)의 시대라고 한다. 4차원 시대에는 의학도 영양학도 4차원(정신문명)적 이론이나 방법의 적용이 필요하게 될 것이다. 여기 소개하는 '밥 따로 물 따로 식사법'은 그러한 4차원적 동양철학에 근거한 방법이다.

남편 죽이는 15가지 방법

1) 밥 따로 물 따로 식사법

우리 음식문화는 탕(湯)이나 국이 많은 것이 특색이다. 그래서 일상적인 식생활에 있어서는 탕이나 국이 필수적이고, 매우 발전된 다양한 것이 개발되어 전승·애용되고 있다.

탕이나 국을 많이 먹는다는 것은 밥 먹을 때 물을 많이 먹는다는 이야기이다. 그 때문이라 할까, 우리 한국 사람에게는 위장병이 너무 많은 것 같다.

밥 따로 물 따로의 이 식사법은 일상적인 식사 때 밥과 국을 함께 먹는 것이 아니고 된 밥과 된 반찬을 꼭꼭 씹어먹고 2시간 뒤에 물을 먹는 방법이다.

지금까지 우리 인류는 먹거리에 대한 연구는 많지만 식사방법에 대한 연구는 적은 것이 현 실정이다. 이 방법은 지구촌 최초의 방법인데, 실천만 한다면 그 탁월한 효과에 경탄하게 된다.

이를 개발한 이상문 선생은 이 문제에 관한 한 어떤 권위를 가진 과학자, 의학자, 영양학자와도 토론·설득할 수 있는 자신을 가지고 있다고 장담하고 있다.

이상문 선생은 1939년 경북 상주 함창에서 태어났는데, 스물넷에 입산하여 금식, 절식, 감식, 소식하는 수행생활을 해왔다고 한다.

30년 수행생활을 하는 동안 자신의 몸을 대상으로 하여 하늘과 땅과 사람 몸의 관계를 연구한 끝에 '음양감식법'이 란 이 식사법을 개발하여 그 이론과 방법으로 수천 명의 환자를 치료하였는데, 특히 불치병으로 알려진 암 환자도 1,400여 명이나 치료했다고 한다.

1992년에 순수 식이요법으로 건강을 지키는 것을 목적으로 하는 단체인 음양사를 설립하였고, 지금은 '밥 따로 물 따로'로 식사법 실천 단체인 '밥 따로 물 따로 음양건강회'를 이끌어 가고 있다.

이 분은 현재 1일 1식을 계속하고 있다. 하루 이틀은 모르되 몇 해를 계속해서 1일 1식만 하고 있는데, 새벽부터 밤늦게까지 활기찬 활동을 계속하고 있으니 현대 영양학이나 현대 생리학 이론으로서는 도저히 이해할 수 없는 사실이다.

마른 음식을 입에 넣으면 많이 씹게 되고 침이 많이 나와 섞이게 된다. 수분이 적은 상태로 위로 넘어가면 위액도 많이 분비되어 소화가 잘 된다. 잘 된 소화상태로 소장으로 넘어가면 영양분의 흡수가 잘 된다.

소화 흡수가 잘 되고 남은 찌꺼기는 대장에서 배설도 잘 되게 된다. 국물이나 물을 함께 먹게 되면 덜 씹힌 상태로 넘어가고, 물과 함께 넘어가니 위액이 희석되어 소화가 덜 되고 흡수도 덜 된다. 생리학적 이론으로도 설득력이 있지만 음양철학적 해석이 더욱 설득력이 있다.

음양학적으로는 밥은 화기(火氣—양 에너지)요, 물은 수기(水氣—음 에너지)이다. 마른 밥을 먹는 것은 불을 때게 되는 것과 같은데, 이 때 물을 부으면 불이 꺼지게 된다. 즉 밥이 양 에너지의 구실은 못하게 되기 때문에 소화가 덜 되어 신체의 활력이 줄어든다는 것이다.

사실상 이 방법의 식사법을 실천하게 되면 체질이 강해져서 질병이 예방되고 건강이 증진된다는 사실을 많은 실천자들이 입증하고 있다.

2) 오전중에는 물을 멀리 하는 건강법

우리들은 건강을 위하여 식전에 생수 마시기와 식전에 목욕하기를 권장하고 있지만, 음양철학적 이론으로 보아 이것은 잘못된 생각이라는 것이다.

이렇게 되면 우선은 산뜻하고 시원해서 건강에 이로울 것 같지만, 오후가 되면 나른해지기 쉽고 계속하면 피로가 오고 노화가 촉진된다는 것이다.

인체는 소우주(小宇宙)이기 때문에 오전에는 일출과 동시에 우리 몸 속에서도 태양열 같은 양(陽) 에너지가 이글이글 타오르게 되는데, 이 때 물을 먹거나 목욕을 하게 되면 불을 끄게 되는(水克火) 원리에 따라 양 에너지가 많이 감소한다는 것이다.

다시 말해 우리 세포가 물에 잠기게 되어 힘을 못 쓰게 된다는 것이다. 즉 세포가 물에 잠겨 이완되어 제 기능을 다

하지 못한다는 것이다.

오전중은 우주나 인체의 리듬으로 보아 양(陽)의 시간대이기 때문에 이 때는 물기(水分)는 될 수 있는 대로 줄였다가 음(陰)의 시간대가 시작되는 오후에 물을 마시라는 것이다.

밤은 음의 시간대이기 때문에 목욕도 하고 물도 필요한 만큼 마시라는 것이다. 액체(液體)를 표현하는 액(液)자는 삼수(氵)변에 밤야(夜)로 된 것이다. 밤과 물은 궁합이 맞는다는 뜻이다.

이 때까지의 이론과 너무나 동떨어지는 이론이기 때문에 의아하게 생각할 사람이 있을지 모르나 실제로 실천해 보면 그 신비로운 효과에 경탄하게 될 것이다. 이것을 주장하는 이상문 선생은 한때 생사를 넘나드는 고행 끝에 홀연히 깨달은 진리의 비법이라고 한다.

여름 한철 화분에 물을 주되 대낮(땡볕)에 주게 되면 시들게 된다. 해가 뉘엿뉘엿 넘어갈 때 주어야 싱싱하게 소생하게 된다. 여름 농사철에 오전에 비가 많이 오는 해는 농사가 잘 안 된다. 여름 농사철에 오전에 비가 많이 오는 해는 농사가 잘 안 된다는 촌로(村老)들의 이야기에는 음양철학이 깃들어 있는 것으로 여겨진다.

우리는 우주나 인체의 본질에 대해 모르는 것이 너무 많다. 더구나 물질 철학에 중독된 현대 지식인들은 크게 반성할 여지가 있다고 생각한다.

인체(체질)는 너무 다양하고 심오하기 때문에 어느 누구에게나 100% 똑같은 효과가 나타난다고 장담할 수는 없겠으나, 바르게 계속적으로 실천한다면 거의 예외없이 효과가 나타난다는 사실은 실천자들에 의해 입증되고 있음이 사실이다.

이 방법은 1단계는 1일 3식, 2단계는 1일 2식, 3단계는 1일 1식으로 심화되는데, 1일 1식의 단계는 도(道)를 닦는 경지에 들어가게 된다고 하니 보통 사람들은 1단계의 실천만으로도 건강은 매우 좋아진다.

이 방법은 다음과 같다

— 제1단계 —
1일 3식 수련법

이는 음양식사법의 첫 단계이자 수련의 도입부에 속한다. 말 그대로 하루 세 끼를 먹되 국이나 물은 식사 전 2시간, 식사 후 2시간은 금해야 한다. 그리고 3식 외에는 일체의 간식을 금해야 한다. 부득이한 경우 저녁 한 끼 정도는 물과 밥을 같이 섞어 먹어도 된다.

음양감식법이라는 획기적인 식사법을 하려면 맨 먼저 이 제1단계의 이론이나 방법을 잘 이해하고 굳은 결심으로 임해야 한다. 왜냐하면, 얼핏 생각하면 밥 먹을 때 국과 물을 좀 절제하면 쉽게 될 것 같지만 실천에 옮기려 하면 그리 쉬운 문제가 아니다.

우리의 식생활은 밥먹기 전에 반드시 국물이나 물을 먼저 먹어 목을 축인 다음에 밥을 먹는 것이 당연한 것으로 생각되어 옛부터 습관이 되어 왔다. 이것을 하루 아침에 바꾸려 하면 참으로 큰 저항에 부딪치게 된다. 그야말로 하나의 혁명이라고 할 만큼 어려움에 봉착하게 된다.

실천해 보면 안다. 식사습관을 바꾼다는 것이 참으로 어렵다는 사실을 절실히 느끼게 될 것이다. 그러나 강한 의지와 신념으로 자기와의 싸움을 한다는 각오로 실천해 나간다면 차츰 익숙해져서 개인차가 있기는 하나 1~2주일 정도면 어려운 고비를 넘기게 된다.

여러 단계 가운데 제1단계가 가장 어렵고 중요한 단계이기 때문에 필자의 경험을 토대로 구체적으로 그 요령을 들어보기로 한다.

첫째, 식사 때 국을 끓이지 않는다.

마른 밥 마른 반찬으로 상을 차린다. 처음에는 거부감이 있겠지만 굳은 의지로 실천한다.

둘째, 꼭꼭 씹게 되면 침도 많이 섞인 상태로 위에 들어가게 된다.

셋째, 꼭꼭 씹게 되면 덜 먹게 된다.

마른 밥과 마른 반찬을 입에 넣고 오래 씹게 되면 곧 포만감이 와서 음식을 덜 먹게 되는데, 적게 먹어도 소화흡수가 잘 되니 영양분의 섭취는 오히려 증가되어 그야말로 일거양득이다.

넷째, 물이나 차는 식사하고 2시간 뒤에 마신다.

식사 후 갈증이 나더라도 참고 견디며, 식사하고 2시간 지난 뒤에 마신다.

이 때 물의 참맛을 알게 된다. 이 때도 무리하게 많이 마실 필요는 없다. 이 때 식사 전 2시간도 물을 안 마셔야 된다는 것을 알아야 한다. 식사를 중심으로 전 2시간 후 2시간 동안은 물을 먹지 않는다는 것이다.

다섯째, 오전중에는 물을 안 마시는 것이 더욱 좋다.

아침 먹고도 물을 안 마시고 점심 먹고(2시간 뒤) 마시는 것이 더욱 좋다. 그것은 앞에서도 이미 설명했지만, 오전중은 양(火)의 시간대이기 때문이다. 이렇게 습관이 되면 몸의 컨디션이 더욱 좋아진다.

이것이 1단계의 요령인데, 어쨌든 실천해 보면 그 효과를 체험하게 된다.

─ 제2단계 ─
1일 2식 수련법

제2단계는 1일 2식을 하는 방법이다. 1일 2식은 아침, 저녁이 원칙인데, 이미 1일 2식을 실천하는 이도 있다. 자연건강식을 실천하는 분들로서 요가 식사법과 서식(西式) 식사법 등이 그것이다. 이런 분들은 굳이 아침, 저녁을 고집할 것 없이 점심, 저녁을 먹는 2식법을 그대로 실천해도 좋다. 그러나 오전중에는 차도 안 마시고 참았다가 점심식사 2시간 뒤에 물이나 차를 마셔야 한다. 이것이 어렵기는 하나 곧 익숙해지게 된다

이 단계부터가 사실은 수도식(修道食)으로 들어가는 준비단계이기 때문에 공을 들여야 한다. 공을 들인 만큼 건강증진에는 큰 도움이 된다는 사실을 체험하게 된다. 웬만한 위장병 같은 것은 1개월만 실천해도 좋아진다는 사실을 실천자들이 확인하고 있다.

평소 1일 2식하는 사람은 별 어려움 없이 실천할 수 있는

단계로서, 몸의 컨디션이 좋아지는 것을 체험하게 되어 일찍부터 못 해온 것을 뉘우치게 된다.

— 제3단계 —
1일 1식 수련법

1일 1식 수련이란 하루에 저녁 한 끼만 먹는 것을 말한다. 때에 따라서는 점심 한 끼, 또는 아침 한 끼를 먹기도 하지만 이는 특별한 경우에 한해서만 예외적으로 적용한다. 1일 1식 수련은 아침, 저녁 1일 2식 수련법과 같은 요령으로 실시한다. 이 단계는 고차원의 수도식(修道食)의 단계이다. 2단계 수련법이 익숙해진 사람으로서 심신을 단련하는 특수한 수도의 단계에서 실천할 수 있기 때문에 아무나 할 수 있는 쉬운 단계가 아니므로 여기서는 참고로 간단히 소개하는 데 그친다.

심신의 단련(수련) 외에 암 환자와 같은 중환자들은 대개 이 수련법을 치료를 목적으로 하는 경우가 많다. 따라서 이 단계는 전문가의 지도를 받아야 할 고차원의 단계임을 명심해야 한다.

수련에 따른 변화와 준수사항

1. 제1단계인 1일 3식의 수련은 밥 먹기 전 2식간, 밥 먹은 뒤에 2시간 사이에는 물을 참으면 되는 것이며, 신체상 별다른 변화는 안 일어난다.

2. 제2단계부터는 오전중에 물을 안 먹기가 힘이 들 뿐더러,

   - 체중이 점차 줄어드는 경우가 있고,
   - 소변 색깔이 탁해지고 때로는 붉은 색을 띠기도 한다.

● 빈혈, 현기증 등이 일어나는 경우도 있다.
● 신체에 이상이 있을 경우 병변현상이 일어날 경우도 있다.
● 물을 마실 때는 천천히 마셔야 하고, 너무 뜨겁거나 찬 것은 삼가야 한다.
● 식사 사이의 간식은 삼가야 한다.
● 1일 3식이나 2식의 경우, 저녁식사에 한해서는 때때로 국을 먹거나 술도 약간 겸해도 된다. 그러나 부득이한 경우에 한해서 허용한다는 것이다.

✌ 〈참고〉
① 이상문 저, 『밥 따로 물 따로 음양식사법』 (정신세계사, 2002).
② 음양건강회 (02-866-4229)

3. 자연식(自然食)을 실천케 하라

나는 늘 올바른 식생활을 위한 자연식(自然食)을 강조해 왔다. 그러나 당장 그러한 바른 식사를 실천할 수 없는 형편 이라면 현미식만이라도 꼭 해야 할 것을 강조한다. 우리 인 간의 건강에 대해서 이치를 깨달아 갈수록 점점 더 백미(白 米)만을 먹어서는 안 되겠다는 생각이 절실해지기 때문이 다.

나는 백미식을 현미식으로 바꿔 나가는 식생활 개선운동 은 국민건강을 위한 가치로운 애국운동이라는 것을 외치고 다닌다.

나는 관련기관의 초청으로 자연식(自然食)을 위한 수많은 강연을 계속해 오고 있지만, 그 때마다 강연에 앞서 현미식 에 대해 청중에게 몇 가지 질문을 던진다.

첫째, "현미식이 좋다는 것을 아시는 분 손좀 들어봐 주 시오" 하면 전체 청중의 약 80% 정도는 손을 들게 된다.

둘째, "그러면 현미식을 실천하고 계시는 분은?" 하면 약 5% 정도가 손을 든다.

셋째, "좋다는 것을 알면서 실천을 안 하는 이유가 무엇입니까"라고 물으면,

- 현미는 밥맛이 없어서
- 현미는 구하기 어려워서
- 현미에는 농약이 많이 묻어 있어서
- 현미밥은 소화가 잘 안 되어서

라는 등의 반응이 있다. 이것은 백미의 정체와 현미의 효능에 대한 이해가 부족하기 때문이다.

여기서 현미식에 대해 좀더 자세히 설명하고자 한다.

이 분야의 세계적인 권위자로 공인되고 있는 정사영 박사(의학)와, 일본의 모리시다(森下敬一) 박사(의학)의 연구 보고, 그리고 국내외의 권위 있는 문헌, 여러 실천가들의 생생

한 체험을 중심으로 총정리해서 발표한 바 있는 나의 저서 『이대로 가다가는 모두 병든다』에서 필요한 부분을 발췌해 보겠다. 이것으로서 앞의 의문과 오해가 말끔히 풀릴 것이고, 현미식의 필요성을 느껴 실천하는 사람이 점차 늘어날 것으로 믿는다.

1) 현미는 종합 영양식품이다

각종 비타민과 미네랄을 비롯한 영양분이 풍부한 현미를 중심으로 한 자연식을 하면 균형 있는 영양을 섭취하게 되어 혈액상태가 정상이 되고 모든 내장이 순조롭게 활동할 수 있다. 뿐만 아니라 혈액순환도 좋아지고 신진대사가 잘 되어 온몸의 조직세포의 활동도 활발해지게 된다. 따라서 기초 체력이 향상되어 건강이 증진된다. 언제나 심신이 강건하여 타고난 잠재력을 충분히 발휘할 수 있는 건강체가 된다는 것이다.

2) 현미는 강정식품(强精食品)이다

현미에는 비타민, 미네랄 등의 영양분 외에 우리 건강에 필요한 각종 성분이 고루 함유되어 있다. '알기닌'이라는 아미노산도 많이 함유되어 있어 정력 증강과 스태미나 증진 등에 위력을 발휘한다고 한다.

뿐만 아니라 인체의 저항력을 강하게 하고 강정작용을 촉진하는 비타민 A와 E도 많이 포함되어 있다. 단순히 신경을 자극하는 따위의 흥분에 의해 일시적으로 정력이 좋아지는 게 아니라, 생명력의 증강으로 나타나는 자연적인 정력증강이 이루어지게 된다는 것이다.

현미식을 하는 사람은 백미식을 하는 사람보다 정력이 좋다는 사실도 현미식 애호가들에 의해 입증되고 있다. 또한 노인들이 현미식을 하게 되면 노화를 늦출 수 있다는 사실도 실제로 입증되고 있다.

3) 현미는 치유식품이다

대개의 병은 혈액이 산성화되어 정상적인 신지대사가 안 되는 데서 비롯된다고 한다. 혈액의 산성화는 백미, 육류, 설탕 등의 산성식품이 그 주범이다. 따라서 백미식을 계속하면 각종 만성병에 걸릴 확률이 아주 높아진다. 늑막염, 폐결핵, 심장병, 고혈압, 뇌출혈, 반신불수, 동맥경화, 간장병, 신장병, 위장병, 빈혈, 자궁병, 신경통, 신경쇠약, 불면증, 노이로제, 정신이상, 당뇨병, 변비, 만성피로 등 이른바 문화병은 거의 모두 바로 백미병이다. 이의 예방치유를 위해서는 현미식을 하는 것이 가장 현명한 방법이다.

암도 예방·치유할 수 있다

현미가 암을 예방할 수 있다는 것은 단순한 추측이나 아전인수격인 과장이 아니다. 의학적으로 볼 때도 현미 배아(胚芽) 속에는 암을 예방하는 베타시스테롤이라는 항암물질이 포함되어 있다.

암의 경증(輕症)은 물론 중증 환자들에게도 각종 치료와 함께 현미를 주식으로 한 식사(자연식, 소식)로 완치시킨 예는 허다하다. 지금까지 현미를 주식으로 한 사람들 중에는 암 환자가 거의 없다고 하는 것은 현미가 암의 예방에 탁월한 효과가 있는 식품임을 입증해 주는 것이다.

육식과 정백식품, 농약이 묻은 농산물과 각종 가공식품에 첨가된 불순물질의 섭취가 발암의 큰 원인이 되고 있다는 사실에 비추어 볼 때, 현미식이야말로 현대인들이 반드시 먹어야 할 주식임을 깨닫게 된다.

현미는 이와 같이 암을 예방하기도 하지만, 일단 암에 걸린 사람도 현미를 주식으로 한 자연식과 소식으로 식사를 바꿀 때 그 치유는 한결 효과를 볼 수 있게 된다고 한다.

해독물질이 들어 있다

현대인들은 농약, 의약품, 세제, 식품첨가물, 불순물이 섞인 청량음료 등 해로운 화학물질을 안 먹을 수가 없다. 이런 것은 비록 소량이라 하더라도 계속 몸 안에 쌓이게 되면 현대 의학으로는 걷잡을 수 없는 문화병을 유발하게 된다.

그런데 현미 속에는 이러한 독을 몰아내는 휘친산이라는 해독물질이 들어 있다. 현미 속에 들어 있는 농약도 이 휘친산이 몰아냄으로써 그 폐해를 막을 수 있게 된다는 것이다.

우리가 먹는 곡물은 농약이 묻은 독곡(毒穀)이요, 물은 독수(毒水)가 되어 버렸다. 이것을 화학약품으로는 해독해낼 수가 없다. 그러나 현미를 주식으로 할 때 그 속에 포함된 휘친산이 그 피해를 막아 주니 천혜의 식품이라고 다시 높이 찬양하지 않을 수 없다.

1956년 일본에서 비소(砒素) 우유 사건으로 많은 어린이들이 죽어갔다. 그러나 현미식을 겸하던 어린이는 거의 모두 살아났다고 한다. 1945년 히로시마에 원폭에 떨어졌을 때도 방사능 피해를 입지 않은 사람들은 모두 현미식을 하던 사람들이었다고 한다. 뿐만 아니라 현미에는 섬유질이 많은데, 이 섬유질 또한 유독물질을 수렴하여 변과 함께 배

출하게 된다고 하니 더욱 안심하고 먹을 수 있는 영양식품
이라 하겠다.

비만을 예방 · 치유한다

백미를 주식으로 할 경우 부족한 각종 영양소를 보충하
기 위해서 부식도 많이 먹지 않으면 안 된다. 많이 먹기 위
하여 생리적으로도 식욕이 왕성하게 마련이니 과식하지 않
을 수 없다. 이것은 또다시 비만의 큰 원인이 된다.

비만은 신진대사의 이상으로서 필요 이외의 물질이 체내
에 쌓이게 된 것이다. 과식하게 되면 이 현상이 더욱 두드
러지게 된다.

비만은 뇌혈관 장애를 비롯한 각종 질병의 원인이 되고
있다. 동작이 둔해지는가 하면 판단력이 흐려지고, 만성 피
로와 우울증, 감정의 불안정 등 많은 문제를 초래하게 된다.
현재 급증하고 있는 비만은 식사의 양을 줄이거나 운동을
하는 따위로서는 근본적인 해결이 안 될 것이다.

현미는 각종 영양소가 고루 함유되어 있기 때문에 조금만 먹어도 된다. 또한 장의 활동과 신진대사를 원활하게 하기 때문에 과잉 영양, 노폐물질, 독소 등이 배설됨과 동시에 비만도 해소된다.

꼭꼭 씹어먹게 되므로 적게 먹고, 적게 먹어도 영양이 고루 섭취되기 때문에 다른 부식이나 간식을 많이 먹을 필요가 없어진다. 그러므로 자연히 소식하게 된다. 따라서 현미식을 하면 비만은 예방도 되고 치료도 된다.

피부병을 치유한다

현미는 혈액 정화기능이 있으므로 몸 안에 있는 불순물 · 노폐물 · 독소 배설은 물론 각종 기생충이나 피하(皮下)에 기생하는 미생물 · 세균 따위도 퇴치시킨다. 따라서 현미식 · 채식은 미용식이요, 피부병의 치료식이기도 하다.

피부병은 백미 주식에다 육류, 백설탕, 정백 밀가루, 각종 청량음료, 불순물이 섞인 가공식품 등을 좋아하는 사람에게 많다. 이것은 혼탁해진 혈액, 저항력이 약해진 혈액을 가진 사람들에게 많이 나타나기 때문이다. 이런 증상들은 약물 치료로서는 그 효과를 기대하기가 어렵다.

현미 채식을 계속하면 이런 피부병의 치유효과가 빠르게 나타난다. 현미는 또 상처나 수술 흉터를 없애주는 효과도 있다고 한다. 또 현미를 주식으로 하는 젊은 남녀들에게는 여드름을 볼 수 없고, 고질병으로 알려진 무좀도 예방·치유된다. 그런가 하면 가려움증, 심한 비듬, 심한 백반(白斑)이 완치될 뿐만 아니라 인체에서 발산되는 각종 악취도 예방·치유된다.

현미를 주식으로 하는 가정의 화장실에서는 냄새도 덜 난다는 사실은 참으로 흥미로운 일이다.

간질을 예방·치유한다

간질은 현대 의학도 아직 그 원인을 알 수 없어 당황하고 있는 난치병이다. 약을 쓰기는 하지만 그 발작을 억제할 뿐이지 완치는 어렵다. 또한 그 약을 계속 쓸 경우 후유증이 염려스러운, 치료 불가능한 고질적인 병으로 알려지고 있다.

그러나 아주 심하지 않은 한 웬만한 간질은 현미 채식을 계속하면 그 발작이 차츰 줄어들다가 결국은 없어질 수 있다. 이는 국내외의 현미식 전문가들이 공인하고 있는 사실이다.

현미식은 뇌의 영양인 비타민 B1의 공급을 증가시켜 주는 데다가 뇌 모세혈관의 혈액순환과 산소 공급이 잘 되게 하기 때문에 뇌의 기능이 향상되어 간질이 치유되는 것 같다.

이유야 어떻든 현미식을 하면 간질 발작이 줄어들거나 없어지고 있다는 사실은 많은 사례가 입증하고 있다.

부인병을 예방 · 치유한다

현미는 부인들의 냉증을 치료하는 효과도 있다. 백미는 몸 안에서 불완전 연소되므로 충분한 열을 발산하지 못하여 냉증을 일으킨다. 그런데 현미는 완전 연소되기 때문에 냉증을 예방할 수 있다.

늘 손발이 차서 곤란을 겪던 부인들도 현미식을 하면 그 냉증이 없어진다. 이것은 현미에 있는 비타민 E가 혈관 확장작용과 함께 혈액순환을 촉진시키는 데다가, 현미 특유의 완전 연소작용이 상승적으로 작용하기 때문이라고 전문가들은 말하고 있다.

그것뿐이 아니다. 부인들이 임신을 하면 임신 구토라고 하는 입덧이 나는 경우가 많은데, 현미를 주식으로 하고 있는 부인들에게는 거의 이러한 증상이 없다. 또 안산(安産)도 보장되고, 산후 후유증도 거의 없으며, 질이 좋은 젖이 많이 나게 된다.

젖을 잘 나게 하는 최유(催乳) 비타민 L은 백미에는 거의 없다. 그러므로 백미를 먹는 임산부는 젖의 질도 나쁘고 양도 부족하게 마련이다. 여기서도 현미는 천혜(天惠)의 종합 영양식품임을 재삼 확인할 수 있다.

위장병의 특효식이다

위장병이 백미병이라고 한다면 현미식은 그 치료식이다. 현미는 적당한 섬유질이 함유되어 있기 때문에 물리적 자극에 의해 소화기관의 운동을 촉진함과 동시에 각종 비타민의 합성이 이루어진다. 또한 소화효소가 다량 함유되어 있기 때문에 소화도 촉진된다.

더구나 소량을 먹어도 균형된 영양이 섭취되기 때문에 자연히 소식(小食)하게 되어 위의 부담도 덜어주게 된다. 온갖 약을 다 써도 안 되던 심한 위궤양이 호전·완치된 사례도 더러 있다.

4) 머리가 좋아진다

백미에는 비타민 B1을 비롯한 B류가 부족하기 때문에 백미를 주식으로 하면 머리가 둔해지게 마련이다. 뇌세포는 비타민 B류와 산소의 도움 없이는 정상적인 기능을 발휘하지 못한다.

산소와 비타민 B류의 부족은 신경 계통의 장애를 일으키며, 뇌세포의 기능을 저하시킨다. 거기에 니코티아미드라고 하는 물질이 부족하게 되어 치매, 발광, 정신착란 등 장애를 일으킬 수도 있다고 한다.

이와 같이 뇌에 직접·간접으로 영향을 주는 물질은 무수히 많지만, 이들 수많은 성분을 보충하는 데는 현미식이 매우 효과적이다. 비타민 B1제 등 약품으로서는 도저히 균형 있는 공급이 어려울 뿐더러, 잘못 투여할 경우 오히려 피해를 초래할 수 있다.

건뇌(健腦)식품으로서 현미의 효능은 두뇌 발달과정에 있는 유아나 어린이들에게는 더욱 뚜렷하게 나타난다. 실제로 현미식을 하는 어린이는 몸도 건강할 뿐만 아니라, 학과 성적이 좋고 성격도 차분하다는 사실은 많은 실천사례에서 밝혀진 사실이다.

아기를 잉태한 태모(胎母)가 현미식을 하면 출생하는 아이는 몸도 튼튼하지만 두뇌도 한결 좋다는 것도 의심할 여지가 없는 사실이다. 아기를 위해서도 젖을 먹이는 어머니는 현미식을 해야 하고, 이유식도 현미를 주로 하여 만들어야 한다는 것은 너무나 당연한 이론이다.

5) 현미는 천혜의 구원식품이다

현미는 개인의 질병을 예방하고 건강을 증진시키는 데 그치는 것이 아니라 국가, 사회, 나아가서는 인류의 행복과 평화에 기여하는 원천이 되는 식품이다.

각종 만성병 가운데에서도 특히 정신질환, 우울증, 노이로제 등 각종 신경증상이 증가일로에 있는 현대 사회는 개인의 건강과 행복은 물론 사회적인 안전마저 위협을 받고 있다. 이것은 각종 스트레스, 인간관계 등 다른 여러 가지 요인도 작용하겠지만 식사가 크게 작용하고 있다는 사실을 명심해야 할 것이다.

이러한 세기말적 현상은 현미를 주식으로 한 자연식(채곡식)으로 예방·치료할 수 있다는 데서 현미식의 의의는 크다고 아니할 수 없다. 현미식이야말로 신체적으로 건강하게 됨은 물론 정서를 안정시키고 두뇌를 명석하게 해준다. 따라서 일의 능률도 올라가고 성격도 부드러워져 원만한 인간관계 속에서 평화로운 생활을 영위해 나갈 수 있게 된다.

하늘이 준 값진 영양 성분을 정미기로 다 깎아버리고 찌꺼기만 먹는 현대인들이 겪어야 하는 각종 성인병은 간사한 미각주의에 사로잡힌 어리석은 인간들이 겪어야 할 천형(天刑)의 고통일지 모른다.

현미식 연구 전문가인 일본의 모리시다 박사가 그의 저

서 『식사의 혁명』에서 "현미를 먹지 않는 사람은 망한다"라
고 경고하고 있음은 경청할 만한 경고이다.

6) 현미에 대한 의문과 오해를 풀어야 한다

현미가 이렇게 우수한 식품임에도 불구하고 아직 이에
대해서 잘 모르는 사람들이 부정적인 의문과 오해를 가지고
있는 것은 안타까운 사실이다. 그러나 이것은 현미를 모르
는 쓸데없는 기우이다. 이제 그 의문과 오해를 풀어보자.

거무스레해서 천한 식품 같지만 ···

현미의 거무스레한 빛깔, 거기에 영양분이 많이 담겨져
있다. 우리는 눈[目]을 위해서 음식을 먹는 것이 아니다. 몸
을 위해서 먹는 것이다. 몸에 이로우니까 먹는 것이다.

현미(玄米)의 현(玄)자는 '검은 설탕, 검은 밀가루(통밀가
루), 미역, 김 등이 그것이다. 곡식 가운데도 정제하지 않은

현곡(玄穀)이 자연식품이다. 모든 현곡은 현미와 함께 하늘이 준 값진 영양식품이다.

현대인은 이것을 눈처럼 희게 정제해서 먹고 있다. 희게 하는 과정에서 하늘이 준 값진 영양분은 많이 손실되고, 약품(표백제)을 쓴 정백식품일 경우 그 약품의 독이 묻게 된다. 빛깔을 내기 위해 물을 들였을 경우 착색제의 독까지 먹게 된다.

현미와 백미를 같이 놓아두면 새나 쥐도 현미부터 먼저 먹는다. 정백하지 않은 현미가 더 좋은 식품임을 그들은 예민한 감지력으로 알아차리기 때문이다. 이것은 자연의 섭리가 아니겠는가?

까실까실하고 맛도 안 좋은 것 같지만…

현미밥은 보기에는 거무스레하고 입에 넣으면 까실까실해서 먹기에 안 좋을 것 같기도 하다. 그러나 그것은 공연한 걱정이다. 밥을 잘 짓지 못했을 때는 그런 걱정도 있을 수 있다. 현미밥은 압력솥으로 지어야 한다.

그리고 하나 잊어서는 안 될 것은 소금을 조금 뿌려서 짓는다는 것이다. 우리는 옛부터 찰밥이나 오곡밥을 지을 때는 그렇게 해왔다. 그것은 밥맛을 돋구는 비결이 된다.

참숯을 한 덩이 넣어서 지으면 더욱 좋다.

이렇게 지으면 밥이 찰밥같이 쫀득쫀득해진다. 그리고 잘 씹고 있으면 현미 본래의 맛이 난다. 구수하고 달콤한 밥맛은 흰 쌀밥에 비할 바가 아니다.

현미밥 맛을 알게 되면 쌀밥이 오히려 맛이 없게 느껴질 것이다. 앞으로 창의적으로 잘 연구하면 더 맛있는 밥을 짓는 방법을 개발할 수 있을 것으로 본다.

소화가 잘 안 될 것 같지만 …

현미밥은 꼭꼭 씹어 먹어야 한다. 부드러운 쌀밥에 익숙해진 위(胃)로서는 처음에는 저항이 있을지도 모른다. 그러나 곧 익숙해진다.

잘 안 씹을 경우 소화가 잘 안 되는 경우도 있다. 그러나 걱정할 것은 없다. 현미에는 강력한 소화효소가 많이 들어 있어 소화를 잘 시키기 때문이다. 어린이들이 잘 씹지 않고 삼킬 경우에도 그 대변을 살펴보면 소화가 되고 있음을 알 수 있다.

더러는 대변에 현미가 통째로 나오는 경우도 있다. 그러나 이 낟알을 만져보면 속은 다 비어 있을 것이다. 감주에 동동 뜨는 쌀처럼 속에 있는 영양분은 다 소화가 되고 껍질만 그렇게 남아 있는 것이다. 그러나 역시 완전 소화, 완전 흡수가 되게 하기 위해서는 충분히 씹어 먹어야 한다. 적어도 30번 이상은 씹어야 한다.

농약이 많이 묻어 있지만 …

사실 현미에는 백미보다 농약이 많이 묻어 있다. 그러나 이것도 걱정할 것 없다. 현미에 들어 있는 섬유질과 휘친산이 농약을 분해·흡수해서 대변으로 함께 배설한다. 그래서 백미 속에 남아 있는 농약 성분은 우리 몸 속으로 거의 다 흡수되지만 현미 속의 농약 성분은 거의 다 배설되어 버린다는 것이다.

그러나 여기 큰 문제가 있다. 휘친산이 농약을 싸잡아 나갈 때 우리 몸에 소중한 칼슘도 일부 함께 싸잡아 나간다는 사실이다. 그래서 어떤 이는 현민식만 하면 칼슘이 부족된다고 경고하고 있다.

그러나 함께 빠져 나가는 칼슘의 양은 많지 않으니 그리 걱정할 것은 없다. 이것을 보완하기 위해서 평소 멸치나 미역 등 칼슘이 풍부한 부식을 많이 먹으면 되는 것이다.

구하기가 어려울 것 같지만 …

현미는 얼마든지 손쉽게 구할 수 있다. 시중의 양곡상에
부탁하면 된다. 요사이는 아예 농약을 안 쓴 현미도 나오고
있다. 여러 가지 자연식품만을 공급하고 있는 곳도 몇 군데
있다.

현미만 먹기 곤란하면 한번쯤 살짝 깎아낸 것을 먹어도
좋을 것이다. 7분도 쌀에 잡곡을 섞어 먹어도 좋다. 어떻게
하든지 흰 쌀밥만은 먹지 말아야 한다는 것을 한번 더 강조
해 둔다. 보리쌀도 마찬가지이다. 씨눈, 속껍질, 섬유질을 다
깎아버리고 백미같이 뽀얀 보리쌀이 나오고 있는데 참으로
안타깝다.

현미는 밥만 지어 먹을 것이 아니라 현미떡, 현미 떡국을
만들어 먹으면 그 구수하고 은은한 맛은 비길 데 없이 좋다.
떡이나 떡국뿐 아니라 쌀로 만들 수 있는 음식은 무엇이든
지 가능하다.

여기에 주부들의 창의성이 가미되면 참으로 맛 좋고 영

양이 풍부한 영양식을 얼마든지 개발할 수 있을 것이다. 어린이들의 간식은 현미로 만든 음식이 가장 우수한 영양 간식이 될 것이다.

그러면 현미식을 더 강조하는 뜻에서 백미의 좋지 않은 정체를 좀더 밝혀보기로 하겠다.

7) 백미는 저질식품이다

우리의 쌀은 현미와 백미로 나눌 수 있다. 현미는 겉껍질만 벗긴 쌀이고, 백미는 겉껍질은 물론 씨눈과 속껍질까지 다 깎아버린 쌀의 찌꺼기이다. 찌꺼기 박(粕)을 보라!

우리에게 필요한 값진 미량 영양소는 쌀의 씨눈과 속껍질에 고루 많이 들어 있고, 쌀 몸통에는 주로 녹말만 들어 있다. 게다가 쌀을 찧어서 1개월만 두게 되면 산화되어 영양가가 손실되고 잡균도 침범하게 된다. 속껍질이 잡균의 침입과 산화를 막아주는데, 백미는 속껍질이 벗겨져 무방비 상태이므로 산화와 잡균의 침입이 더 쉽게 된다.

현미는 하늘, 즉 대자연이 우리 인간에게 내려준 값진 영양 식품이요 완전 식품이지만, 백미는 그 영양을 깍아버린 불완전 식품으로서 쌀의 찌꺼기라 할 만큼 질이 떨어지는 가짜 쌀이다.

이런 백미로 지은 흰 쌀밥은 보기는 좋고 먹기도 좋으나 영양가가 부족하다. 그러니 많이 먹어도 영양의 균형을 잃어 영양실조가 되기 쉽다. 영양이 부족하기 때문에 많이 먹어야 하고, 부족한 영양분을 보충하기 위해서 부식도 많이 먹어야 한다. 그래서 과식하여 건강을 해치게 되는 악순환이 계속된다.

흰 쌀밥만을 많이 편식하는 사람은 날마다 배가 부르도록 먹고 있는데도 빈혈이 일어나는 경우가 있다. 백미는 아무리 많이 먹어도 영양을 고루 섭취할 수가 없기 때문이다.

현미는 겉껍질인 왕겨를 벗겨버린 곡물이지만 땅에 뿌리면 싹이 튼다. 생명체가 고스란히 간직되어 있는 살아 있는 식품, 생명력이 있는 식품이기 때문이다. 백미는 이와 반대로 땅에 뿌리면 썩어버린다. 생명력이 없는 곡식이기 때문이다.

현미 속에 들어 있는 비타민이나 미네랄은 살아 있는 활성(活性)상태로 몸 안에 충분히 활용되지만, 백미의 영양분은 비활성(非活性) 물질이기 때문에 몸 안에 들어간다 하더라도 일부분만 활용된다고 한다. 생명력이 없거나 부족한 식품은 많이 먹으면 살은 쪄도 활력은 약하게 마련이다.

현미는 완전한 영양식품이기 때문에 적게 먹어도 활력이 생겨 체질이 튼튼해진다. 일본에서는 정신박약은 정백식품(精白食品)이 만든다고 경고하고 있다. 씨눈이나 껍질을 깎아버린 정백식품(백미, 정백 밀가루, 흰설탕)은 비타민 B군이 떨어져 나가고 없기 때문에 이것을 계속 먹으면 머리가 둔해진다는 사실에서 기인된 말이다. 사실 흰 쌀밥을 편식·과식하는 아이들은 살이 쪄서 덩치는 커지지만 머리가 멍청해져 학교 성적이 떨어지게 된다는 사실은 자명한 이치이다.

8) 백미는 병을 만드는 식품이다

암을 비롯한 위장병, 당뇨병, 각기병, 고혈압, 관절염, 빈혈, 노이로제, 신경통 등 소위 성인병과 저혈당증은 이른바 백미병이라고 한다. 동양 사람들에게 위암 환자가 많은 원인의 하나가 백미 과식이라는 학설도 있다.

백미병! 그것은 하늘이 준 천혜(天惠)의 완전 식품의 영양소를 다 깎아버리고 찌꺼기만 먹는 어리석은 인간들에게 내리는 하늘의 경고라고 각성해야 할 것이다. 백미식을 현미식으로 바꾸어 소식하는 것만으로도 암을 비롯한 이런 따위의 성인병(만성병)은 많이 줄일 수 있다는 것이다.

그뿐 아니라 백미 등 산성식품을 많이 먹으면 체질이 산성으로 기울어지게 된다. 그로 인하여 신경질적 행동이 유발되는 등 이른바 문제아가 된다는 것이다.

자연식 연구 전문가인 정사영 박사의 동물을 대상으로 한 다음과 같은 연구 보고가 있다. 즉, 동물을 한 그룹에는 백미만을 주고 다른 한 그룹에는 현미를 주어 사육해 보았다. 백미를 먹인 그룹의 동물은 체중이 저하되어 한 달이 채 못 되어 다 죽어버린 데 반해, 현미를 먹인 그룹의 동물들은 체중이 늘어나고 건강해지더라는 것이다. 더욱 놀라운 사실 은 백미를 먹인 그룹의 동물은 서로 물어뜯고 피비린내 나 는 싸움을 계속하다가 죽어 갔다는 사실이다.

이것은 뇌신경에 이상이 발생한 때문이라고 설명된다. 즉, 백미로써 뇌신경이 필요로 하는 영양을 충분히 공급할 수 없기 때문이다.

요즈음 문제가 되고 있는 저혈당증은 정백미, 정백 밀가 루, 정백 설탕, 무정란(無精卵) 등 무정식품이 원흉이라고 한 다. 미국에서 수만 명의 정신병 환자를 대상으로 연구해 봤 더니 70% 정도가 저혈당증에 걸려 있었다고 하니, 우리의 주식인 백미가 이런 병을 유발하게 하는 대표적인 식품이라 는 사실을 알게 된다면 어찌 이것을 계속 먹을 수 있단 말 인가?

9) 성공적인 현미식을 위하여

준비 기간을 두자

현미식이 아무리 좋다 한들 오랫동안 내려오던 식생활 습관을 하루아침에 바꾸려 하면 상당한 거부감이 뒤따를 것이다. 밥을 지을 때 뜸들이는 시간이 필요하듯이 현미식으로 바꾸기 위해서도 일정 기간의 뜸들이는 기간이 필요할 것이다.

이 기간에 각종 서적과 참고자료를 많이 구해서 읽고 현미식 실천가들에게 경험담도 들어보는 것이 좋다. 그리하여 가족들을 잘 설득하여 전가족이 현미식의 필요성을 인식하고, 현미식을 하겠다는 의지를 가지고 즐겨 임할 수 있는 분위기를 조성해야 할 것이다.

처음에는 백미와 현미를 섞어 먹자

전가족이 현미식의 필요성을 느끼고 즐겨 먹기 시작할 분위기가 조성되었다 하더라도 당장 현미식으로 돌변하게 되면 쌀밥에 익숙해진 혀나 위가 저항을 느낄 것이다.

따라서 처음에는 백미와 현미를 50% 정도씩 섞어 먹다가 차츰 현미를 많이 섞어 먹고, 마지막에는 완전한 현미식으로 정착하도록 점차적으로 개선해 나가는 방향이 좋을 것이다.

현미에도 잡곡을 섞어 먹자

완전한 현미식으로 들어갔다고 하더라도 현미만으로 밥을 짓기보다는 각종 잡곡을 고루 섞는 것이 밥맛도 좋고 영양분도 상승효과가 있게 된다. 잡곡의 혼식은 권장할 만한 사실이다. 이 때 쓰이는 잡곡은 콩(흰콩, 검은콩), 팥(붉은팥, 푸른 팥), 조(매조, 차조), 수수, 옥수수, 율무 등 여러 가지를

들 수 있다. 될 수 있는 대로 여러 가지를 고루 섞는 것이
더욱 좋다.

밥짓는 방법을 연구·개발해야 한다

밥짓는 방법은 앞에서도 잠시 언급했지만, 압력솥으로 짓
되 충분히 뜸을 들이는 것이 좋다. 수분이 부족하거나 뜸들
일 시간이 부족하면 밥이 좀 딱딱하고 맛도 떨어진다. 소금
(자연염)을 조금 섞는 등 잘 연구해 가면 맛있는 밥을 지을
수 있게 될 것이다. 참숯 덩이를 넣어 지으면 기(氣)도 증폭
되고 맛도 좋아진다.

충분히 씹어 먹어야 한다

현미는 적어도 한 숟가락 떠넣고 50회 정도를 씹어야 한
다. 이렇게 많이 씹는 데서 현미의 진미를 느낄 수 있고, 완
전 소화·완전 흡수·완전 배설이 되는 것이다. 아무리 적

게 씹더라도 30번 이상 씹는 것을 습관화해야 한다.

사람에 따라서는 처음에 소화가 좀 안 되는 경우도 있다. 그것은 충분히 씹지 않았기 때문이다. 섬유질이 없는 흰 쌀밥 먹듯이 잘 씹지 않고 마구 삼키던 버릇 때문에 그렇게 되는 것이다.

그래서 현미밥을 먹을 때는 단식 후의 보식하는 마음의 자세로 한 숟가락 떠넣고는 숟가락을 놓고 감사하는 마음으로 차근차근 씹으라고 권하고 있다.

될 수 있는 대로 적게 먹자

현미식의 장점 가운데 하나는 적게 먹어도 영양을 고루 섭취할 수 있다는 데 있다. 현미에는 비타민, 미네랄 등 각종 미량 영양소가 고루 많이 포함되어 있으므로 부식도 많은 양은 필요없게 되고 간식도 필요없다. 적게 먹으면 소화에 소모되는 에너지가 적어도 되니까 그만큼 원기 왕성한 심신의 상태를 유지해 나갈 수 있게 된다. 조금 떠넣고 차근

차근 씹는 태도가 습관화되도록 노력해야 한다.

소식의 필요성과 과식의 피해는 앞에서 설명했다. 건강의 비결은 적게 먹고 많이 활동하는 이른바 소식다동(小食多動)에 있다는 사실을 명심해야 한다. 여기서 다시 한 번 강조하지만, 지금부터 당장 현미식을 실천하지 못할 형편이라고 하더라도 흰 쌀밥만은 줄여나가기 위한 대책을 강구해야 할 것이다.

특히 자라나는 우리 어린이들의 앞날을 위해서 시급히 개선해야 할 문제이다. 흰 쌀밥만 계속 먹이다가 보면 아이들은 예외 없이 저혈당증에 걸려 심신 양면으로 피해를 보게 된다. 이것은 미상원 영양문제 특별위원회의 보고서에서도 경고하고 있는 문제이다. 지금까지 큰 피해를 느끼지 못하고 있다고 해서 안심할 수 없다. 피해는 계속 쌓이고 있다는 데 문제가 있다.

나는 식당에서나 남의 집에서 식사를 하게 되었을 때 뽀얀 쌀밥이 나오는 것을 보면 참으로 대자연, 즉 하늘에 대해서 송구스럽게 여겨진다. 영양분을 다 깎아버리고 찌꺼기만 먹게 되는 안타까움으로 즐거워야 할 식사 시간이 우울해진다.

자연식 실천가들은 누구나 이렇게 느낄 것이다. 나는 외식은 될 수 있는 대로 안 하는 방향으로 노력하고 있다. 그리고 언제 어디서나 흰 쌀밥만은 먹지 말자고 강조하는 것이 습관처럼 되어버렸다. 더러는 초대받은 남의 집에서도 이런 버릇이 나와 난처해질 때도 있다. 그러나 나는 이것을 실수라고는 생각하지 않고 있다. 현미식 운동이야말로 애국적인 국민운동이라고 믿고 있기 때문이다.

10) 발아(發芽) 현미는 더욱 좋다

현미를 싹을 틔운 이른바 발아 현미는 더욱 생명력이 강한 식품이 된다. 식품은 싹이 틀 때 그 씨눈에 생명 에너지가 모이게 된다. 이것으로 밥을 지어 먹으니 생명 에너지가 더욱 강한 건강식품이 된다. 이것은 현미로 직접 싹을 틔워서도 되지만 전문적인 시설에서 상품화된 것도 괜찮다. 이것을 구해서 백미와 섞어 먹는 것도 한 방법일 것이다.

우리 재활원에서는 상품화된 발아현미를 사서 현미 잡곡과 섞어 먹고 있다. 요사이 생식(生食) 제조업자들도 잡곡과 함께 발아 현미를 많이 쓰고 있다고 한다. 좋은 제품을 만들기 위한 당연한 처사라고 여겨진다.

〈발아현미 상담공급처〉
031-884-7557 (株)米力
전국우체국 전국농협

4. 식생활은 개선할 수 있다

　현재 우리의 식생활은 너무 잘못되고 있기 때문에 개선하지 않으면 안 된다는 생각을 모두 가지고는 있으나 실천하는 가정은 그리 많지 않은 실정이다.

　우리는 어느 사이 대부분의 국민들(특히 청소년)이 미각실조증(味覺失調症)에 걸려 자연 먹거리의 참맛을 느끼지 못할 지경에 이르렀다. 일상적인 식사가 서구화(西歐化)되어 육식과 가공식(加工食)에 길들여져 있기 때문이다.

　이 상황은 큰 문제이다. 이 단계를 하루빨리 벗어나서 우리의 전통적인 곡채식의 자연식으로 되돌아가야 할 것이다. 이것은 민족의 앞날을 위한 당면과제의 하나이다.

　미(美)상원의 영양의료문제연구 보고서(M보고서)에서 "우리 인류는 18세기의 식사로 돌아가지 않는 한 불원간 이 지구촌에서 자연도태 될 수밖에 없다"고 경고하고 있지 않은가?

이 보고서를 요약 · 번역한 일본판의 『지금의 식생활로서는 빨리 죽는다』라는 책이름도 귀담아 들을 만하다.

이렇듯 우리는 어떻게 해서든지 민족의 앞날을 위해서라도 현재의 식생활은 개선해야 할 시점에 와 있음을 깨달아야 할 것이다.

이미 몸에 배어버린 나쁜 식습관을 바로 잡는다는 일이 어렵기는 하나, 하고자 하는 의지만 굳으면 누구든지 어느 가정에서든지 충분히 바로 잡을 수 있다는 사실을 나는 실천을 통하여 확신을 가지고 있다.

우리 가정에서는 가족의 건강을 위하여 30여 년 전부터 현미식(玄米食)을 중심으로 한 자연식을 실천해 왔고, 현재는 내가 경영하고 있는 수봉재활원 50명 원생들에게도 13년째 철저한 자연식을 실천해 오고 있다. 그리고 그 성과는 국내는 물론 외국(일본)에까지 알려져 화제가 되고 있다.

나는 나의 이런 경험을 통해 이렇게 자연식을 강행하는 데 그치지 않고 국민운동의 하나로 강연, 상담, 신문, 잡지 등으로 계몽지도에 열을 올리고 있다. 이러한 나의 활동에 공감하고 실천하는 주부들이 더러 있는데, 실천만 한다면 예외없는 성과가 오르기 때문에 근래에는 그 가정이 점차 늘어나고 있다. 참으로 반가운 일이라 아니할 수 없다.

자연식이 어렵다고 주저하지 말고 "하면 된다"는 자신을 가지고 용기를 내어 이를 실천하는 가정이 늘어나기를 바라는 뜻에서 내가 경영하고 있는 수봉재활원에서 13년째 계속하고 있는 사실을 솔직하게 공개하는 바이다.

이 사실을 보면 남편을 빨리 죽게 하는 비결도, 오래 살게 하는 비결도 알아차리게 될 것이다.

우리 재활원은 정신지체장애인(중도장애인) 50명이 공동생활을 하고 있는 가정과 같은 시설이다. 정신지체는 지능이 낮은 사람들이기 때문에 식사법을 지도하기에 무척 힘겨웠지만 굳은 의지로 꾸준히 추진해 온 결과 참으로 놀라운

성과가 나타나고 있는데, 경도(經度) 장애인을 데려다가 쇼
하고 있다고까지 격찬(?)하는 이가 있는가 하면, 일본의 전
문가들이 경탄하여 일본 TV가 취재·방영한 바도 있을 정
도이다.

이제 우리 재활원에서 13번째 실천하고 있는 자연식 식
사법을 간단히 소개하고자 한다.

— 수봉재활원의 실천사례를 중심으로—

1) 현미(玄米)를 찧어먹고 있다.

2) 통밀국수를 만들어 먹고 있다.

3) 두부를 만들어 먹고 있다.

4) 소채를 유기농법으로 재배하여 먹고 있다.

5) 물(식수)은 전기분해식 정수기를 쓰고 있다.

6) 다양한 혼식(混食)에 힘쓰고 있다.

7) 전체식(全體食)에 힘쓰고 있다.

8) 소식(小食)에 힘쓰고 있다.

9) 많이 씹어 먹는데 힘쓰고 있다.

10) 수입식품은 안 쓴다.

11) 아침 한 끼 생식(生食)을 하고 있다.

12) 화학 조미료는 안쓴다.

13) 솔잎, 야채효소를 만들어 먹고 있다.

14) 소금은 죽염을 쓰고 있다.

15) 동물성 식품을 제한하고 있다.

17) 간식(間食)을 제한하고 있다.

18) 환경 호르몬을 예방하고 있다.

19) 음식 쓰레기를 거의 안 만들고 있다.

20) 식사지도를 식육(食肉)의 일환으로 지도하고 있다.

21) 그 밖의 시책들

1) 현미(玄米)를 찧어먹고 있다

현미는 대자연이 베풀어준 종합 영양식품이므로 우리는 주식(主食)으로 먹고 있다. 아예 재활원에 가정용 정미기를 비치하여 가을에 사서 쌓아둔 벼를 일 주일 단위로 직접 도정하여 먹고 있다.

보통 일반인들이 먹고 있는 쌀은 10분도인데, 이것은 영양소가 거의 깎여나간 쌀의 막지(粕)임을 알아야 한다. 벼도 무공해 벼가 가장 좋겠으나 사실상 구하기도 어렵고, 더러 있다고 해도 가격이 비싸기 때문에 될 수 있는 대로 농약을 덜 써달라고 부탁한 벼를 사서 쓰고 있다.

현미도 찧어서 오래 두면 변질되기도 하고 생명력이 떨어지기 때문에 1주일 단위로 먹을 만큼만 찧는 것이 좋다. 이 현미에 잡곡을 섞어 압력솥으로 푹 뜸들여 짓는다. 잡곡은 될 수 있는 대로 4~5종을 섞고 있다.

흔히들 현미밥은 까슬까슬하고 맛이 없다고 하지만 그것

은 밥을 지을 줄 몰라서 그렇다. 솥에 소금(자연염)을 조금 넣고 지으면 맛이 좋다. 그리고 참숯(木炭)을 한두 덩이 넣게 되면 더욱 맛이 좋아진다. 숯의 원적외선이 작용하여 생명력이 증폭된 영양가 높은 밥이 되기 때문이다. 뜸을 푹 들이면 쫀득쫀득 하게 된다. 여기에 찹쌀을 조금 섞으면 더욱 맛 좋은 밥이 된다.

흰 쌀밥에 길들여진 현대인들은 처음에는 조금 저항이 있으나 익숙해지면 현미밥이 더 구수하게 느껴져 더 맛있게 먹게 된다. 우리의 경우 지능이 낮은 장애인들이지만 현미밥을 더 맛있게 먹고 있다. 이것도 체험을 해보면 알게 된다.

완전한 현미(왕겨만 벗긴 것)는 너무 뚝뚝하고 까슬까슬해서 먹기 거북하면 7분도 정도의 현미를 써도 좋다. 7분도 현미란 완전한 현미를 조금 더 깎은 현미이다. 씨눈과 속껍질이 약간 깎여나가기는 했지만 많은 양이 남아 있기 때문에 흰 쌀밥에 비하면 월등히 좋다. 이것으로 현미 백설기, 현미 가래떡(떡국)도 만들어 쓰고 있다. 백미로 만든 것보다 맛이 좋다는 것을 체험하고 있다.

요사이는 발아 현미(發芽玄米)를 먹고 있다. 백미보다 현미가 영양가가 높다는 것은 위에서도 자세히 밝힌 바이지만, 최근에는 현미보다 좋은 발아 현미를 알게 되어 이 때까지의 현미 잡곡밥에 발아 현미를 30% 섞어 먹고 있다. 발아현미는 현미보다 생명력이 강한 것으로서 현재 상품화 된 것이 유통하고 있기 때문에 그것을 사서 쓰고 있다. 발아 현미를 섞은 현미 잡곡밥을 소금과 참숯을 넣어 푹뜸들인 밥을 지상 최고의 영양식인 것으로 자부하고 있다.

2) 통밀국수를 만들어 먹고 있다

제분기를 설치하여 우리 밀을 통째로 제분한 통밀가루를 만들어 쓰고 있다. 시중의 정백(精白) 밀가루는 영양가가 풍부한 밀의 눈과 껍질을 제거한 것으로 영양가도 떨어지고 보다 희게 하기 위하여 표백제를 쓴다고 한다. 이것이 사실이라면 그 독소의 피해도 우려하지 않을 수 없다.

이런 면에서 우리가 사용하고 있는 통밀가루는 안전한 영양식품이라고 생각된다. 수입 밀가루나 밀은 유전자 조작의 우려도 있고, 방부제 등 유독물질도 첨가되어 있을 것으로 추정되어 큰 문제이다.

우리는 위와 같이 직접 제분한 통밀가루로 통밀국수를 직접 생산·공급하고 있다. 국수뿐만 아니라 통밀빵, 통밀카스테라도 만들어 간식으로 이용하고 있다. 여기에 쑥이나 야채가루, 잡곡가루를 섞으면 보다 맛있는 건강식품이 되는 것이다.

우리는 야채나 곡물을 건조시키기 위한 '건조기'도 설치하여 활용하고 있으며, 현재 통밀국수는 자혜보호작업장 작업의 일환으로 보다 현대화된 기계를 설치하여 생산하고 있다.

3) 두부를 만들어 먹고 있다

우리 콩을 사용하여 두부 제조기로 직접 만들어 쓰고 있
다. 두부는 우수한 식물성 단백질 식품이지만 현재 시중의
두부는 수입 콩이고, 만드는 과정에서 불순물이 첨가될 우
려가 있어 안심이 안 된다.

우리는 두부 뿐만 아니라 콩을 불리어 전기 맷돌로 갈아
즉석 순두부 국이나 콩국, 콩비지도 만들어 쓰고 있다. 동물
성 단백질을 줄이는 대신 식물성 단백질로 높이 평가되는
콩을 많이 이용하고 있다.

콩도 수입콩은 안 쓰고 국산콩을 쓰기 위해 노력하고 있
다. 수입콩은 유전자 조작의 우려도 있고, 재배과정에서 병
충해를 막기 위해, 또는 수입(수송)과정에서 변질을 막기
위해 약품이 사용될 우려가 있으므로 수입콩은 쓰지 않는
게 좋다.

4) 소채를 유기농법으로 재배하여 먹고 있다

우리의 정식(正食)은 곡채식(穀菜食)이기 때문에 현미(玄米) 다음에는 소채에 신경을 많이 쓰고 있다. 그러나 시중에 유통되고 있는 것은 공해의 우려가 있기 때문에 어렵지만 직접 재배해 먹는 것을 원칙으로 하고 있으나, 농장이 멀고 인력이 부족해 큰 애로를 느끼고 있다.

부득이할 때는 시중에 나와 있는 것을 사서 먹고 있다. 그런데 소채에 있는 섬유질이 농약을 일부 분해하고 대변과 함께 배설하기 때문에 소채의 농약 피해는 줄어들게 되니 다행한 일이다.

그러나 이 때는 그 소채를 그대로 먹지 않고 농약을 분해해서 먹기 위해 분해기구를 사용해서 알뜰히 씻어 먹고 있다.

재배에 있어서는 배추, 무, 상추, 파 등 일반적으로 많이 재배하고 있는 품종이 아니라 비타민, 미네랄 등이 풍부한 귀한 품종을 골라 재배하는 데 힘쓰고 있으며, 또한 가능한 것을 직접 채종해서 재배하는 데 신경을 쓰고 있다. 좀 색다른 품종으로서는 컨푸리, 어넝초, 삼백초, 궁중채소, 치커리, 파드둑, 신선초, 더덕, 참마 등 다양하다.

5) 물(식수)은 전기분해식 정수기를 쓰고 있다

우리 인체의 70%를 차지하고 있는 물! 우리 생명활동을 크게 좌우하고 있는 물이지만 우리는 대자연으로부터 대가 없이 무한정으로 공급받아 왔기에 그 고마움을 모르고 지내왔다. 그러나 근래에 와서 환경오염으로 식수(食水)마저 위험을 느끼게 되자 모두들 관심을 가지기 시작했다.

우리나라는 자고로 산 곱고 물 맑은 곳으로 알려져 왔지만 지금은 옛말이다. 수돗물은 소독과정에서 발암물질이 생성될 우려가 있고, 저수탱크나 송수관 등 관리 소홀로 오물이 섞이고 잡균이 생길 우려가 있다고 한다. 사 먹는 물(먹는 물)도 안심이 안 되고 지하수나 약수도 날로 오염되어 가고 있다.

우리가 일상적으로 먹고 있는 식수는 농약이나 공장 폐수, 축산 폐수, 핵진 등으로 오염되는가 하면 대장균 등 세균이나 유해 미생물로 오염되는 경우도 있다. 뿐만 아니라 건강에 유리한 미네랄 성분도 부족하고 산과 알칼리의 평형도 불균형되고 물의 활성도(活性度)도 낮은 저질의 유해 식수가 되어가고 있는 실정이다.

국민체질은 날로 약화되고 있고, 만성피로 등 반(反)건강 상태로 기울어지고 있는 것은 좋지 못한 식수와 무관하지 않을 것으로 짐작된다. 생명력이 줄어든 물, 병든 물을 먹고 있는 우리의 앞날은 참으로 심각한 문제가 아닐 수 없다.

자! 그렇다면 우리는 당장 어떻게 이 식수의 위기를 극복할 수 있을 것인가?

수돗물도, 생수(상품)도, 지하수도, 약수도 안심하고 먹을 수 없다면 차선책으로 정수기에 의존할 수밖에 없다. 정수기라 해도 그 성능이나 품질, 그리고 사용법에 따라서는 좋은 물은 고사하고 역효과를 낼 우려가 있다고 한다.

그럼 좋은 물이란 과연 어떤 물인가를 생각해 보자.

물 연구의 권위자인 일본의 히야시 히테미스 박사는 ①
염소 등 유해성분이 없어야 하고, ② 칼슘·마그네슘 등 미
네랄 성분이 함유되어 있어야 하며, ③ 수소이온 농도인 HP
가 7~8 정도인 약알칼리수에 가까워야 하고, ④ 체온보다
20~25 정도 낮아야 한다는 것을 꼽고 있다.

그러면 이와 같은 조건을 갖춘 좋은 물을 생산할 수 있는
정수기는 과연 어떤 것일까 하는 문제가 대두된다.

이 분야의 전문가인 이양희 박사는 현재와 같은 상황 속
에서 수돗물도, 지하수도, 생수(시판)도, 약수도 일단 정수기
로 걸러 먹는 것이 안전한데, 현재 시판되고 있는 많은 정수
기를 성능별로 분류해 보면 크게 나누어 ① 여과나 역삼투
압 방식에 의한 것과, ② 전기분해 방식에 의한 것이 있다고
전제하고, 이 가운데서 '전기분해 방식 정수기'(전해 약알칼
리수)가 가장 좋다고 자신 있게 권장하고 있다.

정수기는 값이 비싼 것이 문제이다. 어떤 것은 엄청나게 비싸서 보통 가정에서는 엄두도 못낼 정도이다. 그래서 우리는 여러 방면으로 알아본 결과 '전기분해방식 정수기'를 설치·활용하고 있다.

물맛도 좋고 체질개선의 효과(산성을 약알칼리성으로)도 현저한 것으로 믿고 있다.

6) 다양한 혼식(混食)에 힘쓰고 있다

현미식이 아무리 좋은 영양식이라고 하더라도 여러 가지 잡곡을 더 섞은 혼식이 영양소가 더 많이 어우러진 더 좋은 영양식이 될 것이다.

그래서 우리는

① 5곡(穀) : 다섯 가지 곡식이 섞인 음식

② 5채(菜) : 다섯 가지 채소가 섞인 음식

③ 5색(色) : 다섯 가지 빛깔이 섞인 음식

④ 5미(味) : 다섯 가지 맛이 섞인 음식

을 균형잡인 보다 우수한 영양식일 것으로 믿고 실천하고 있다.

흰 쌀밥만 먹던 습관으로 처음에는 다소 어려움이 있었으나 이제는 영양사나 조리사는 물론 원생 전체가 당연한 것으로 알고 즐겨 먹고 있다.

현미와 발아 현미를 중심으로 이렇게 다양하게 섞어 먹고 있으니 이보다 더 훌륭한 영양식은 없을 것으로 자부심을 가지고 즐겨 실천하고 있다.

7) 전체식(全體食)에 힘쓰고 있다

자연식의 원리 가운데 먹거리를 통째로 다 먹는 전체식(全體食)과 제철에 생산되는 먹거리를 먹는 계절식(季節食), 그리고 그 지방에서 생산되는 먹거리를 먹는 향토식(鄕土食) 등이 강조되는데, 이 가운데 전체식은 매우 중요한 위치를 차지하게 된다.

우리의 식사법은 부분식(部分食)이 많다. 먹거리는 그 부위마다 영양가가 다르기 때문에 전체를 다 먹는 것이 그 먹거리의 영양분을 완전히 섭취하는 방법이 된다.

그래서 우리는 어떤 먹거리든지 전체식을 하는 것을 원칙으로 실천하고 있다.

① 현미식은 쌀의 전체식이다.

② 통밀가루는 밀의 전체식이다.

③ 무는 잎, 줄기, 뿌리까지 먹는 것이 전체식이다.

④ 물고기(어물)는 머리, 껍질, 내장, 살까지 섞어 먹는 것이 전체식이다.(※멸치는 어물의 대표적인 전체식이다.)

⑤ 쇠고기, 돼지고기, 닭고기 등도 머리, 껍질, 살, 내장까지 섞어 먹는 것이 전체식이다.

⑥ 과일도 껍질을 깎지 않고 통째로 다 먹는 것이 전체식이다.

요사이 우리의 조리법은 위의 원리에 안 맞는 것이 대부분이다.

예를 들면

- 백미만 먹는 것,
- 잡곡도 너무 뽀얗게 정곡(精穀)한 것,
- 무잎, 줄기, 껍질 다 깎아 먹는 것
- 과일 껍질을 너무 깎아 먹는 것
- 고기도 살코기만 먹는 것 등이 그것이다.

그래서 우리는 전체식의 원리를 살리는 방향으로 신경을 쓰면서 조리하고 있다. 여러 가지 여건상 완전한 전체식은 어렵지만 그러한 원리에 가까운 식사법을 실천하고 있다.

8) 소식(小食)에 힘쓰고 있다

현대인들은 거의 모두 과식하고 있다. 그것도 육식, 정백식(精白食), 가공식(加工食), 첨가식(添加食)일 경우의 그 피해는 더욱 심해진다. 우리의 내장은 과중한 먹거리의 소화를 위해 피로가 과중되고 있다. 그것이 쌓이면 만성병으로 이어지게 된다. 고대의 양생법에서는 소식(小食), 다동(多動)이 으뜸이 되고 있다. 따라서 우리는 식사의 양(量)보다 질(質)에 신경을 쓰고 있다. 소식을 해도 영양의 균형이 잡힌 질적인 영양식을 생각하는 것이다.

적게 먹으면 소화를 위해 소모되던 에너지가 스테미너로 남게 되기 때문에 몸도 가볍고 머리 쓰기도 낫다. 더구나 운동량이 부족하기 쉬운 장애인이나 노약자에게 소식은 건강의 비법이기도 하다.

9) 많이 씹어 먹는 데 힘쓰고 있다

소식은 많이 씹어야 소기의 목적을 달성할 수 있다. 음식물은 입 안에서 충분히 씹어야 소화력이 강한 침이 많이 섞이게 된다. 이러한 상태로 위에 들어가서 충분히 소화되게 함으로써 소장에서 영양으로 흡수하게 된다. 1차적 소화기관인 입에서 잘 씹지 않고 넘기게 되면 아무리 좋은 먹거리라도 흡수가 잘 안 된다.

특히 전분질은 침이 많이 섞여야 소화가 잘 된다고 한다. 뿐만 아니라 많이 씹게 되면 저작운동으로 두뇌세포를 자극하헤 되어 뇌활동이 강화된다고 한다. 감사한 마음으로 오래 씹는 동안에 먹거리의 참맛도 느끼게 되고 성격도 차분해지는 등 이로움이 많다. 침은 최고의 보약이라고 강조하고 있다. 우리는 한 숟가락 떠넣고 적어도 30번 정도 씹도록 지도 하고 있다. 이것은 식육(食育)의 일환으로 지도하고 있다.

식사 때마다 필요한 양만 배식하여 다 먹게 함으로써 끼니 때마다 50명씩 식사를 해도 버리는 음식이 거의 없다. 음식 쓰레기가 거의 안 나온다는 이야기이다.

10) 수입식품은 안 쓴다

현대는 개방화 물결에 따라 우리 먹거리에도 수입식품이 많이 밀려 들어오고 있다. 그러나 이것은 결코 안심하고 먹을 수 있는 먹거리는 아니다. 값이 싸다고 해서 수입식품을 선호하는 것은 식품 영양의 근본을 모르는 소치이다.

먹거리는 신토불이(身土不二)의 원리에 의하여 그 지방에서 생산되는 것을 먹는 것이 알맞다고 하는데, 그것보다도 우리 풍토에서 생산되는 먹거리는 다른 나라의 것보다 생명 에너지(氣)가 강하다는 사실을 알아야 한다. 대륙성, 해양성의 기와 춘하추동 4계절의 기가 고루 농축되는 국토이기 때문이라고 한다. 그래서 값이 비싸더라도 국산 먹거리를 쓰고 있다.

수입식품은 유전자 조작의 우려도 있거니와 생산과정이나 수송과정에서 쓴 농약이 많이 묻어 있다는 사실을 알고 있기 때문이다.

유전자 조작 식품에 대해서 아직은 생산자나 일부에서는 큰 피해가 없다고 주장하고, 증산(?)에 따르는 식량문제 해결을 위해서 긍정적인 반응이다. 그러나 일부 과학자나 시민단체에서는 그 유해성을 소리 높여 외치고 있다. 나는 처음부터 이를 거부해 오고 있다. 왜냐하면 철학적으로 해롭지 않을 수 없다고 믿고 있기 때문이며, 대자연(大自然)의 섭리를 거역한 반자연적(反自然的) 처사이기 때문이다.

공자(孔子)는 일찍이 하늘의 섭리에 순응하는 자는 살아남고(順天子存), 하늘의 섭리에 거역하는 자는 망한다(逆天子之)라고 간파했다. 이것은 만고의 진리라고 믿어도 좋을 것이다.

11) 아침 한 끼 생식(生食)을 하고 있다

현대인은 생명 에너지의 부족으로 체격은 커졌어도 체력(면역력, 자연치유력)은 약화되어 환자 아닌 환자가 많다. 이를 소생시키기 위해서는 생명 에너지가 강한 생식보다 나은 방법이 없다고 본다. 생식을 하면 신체적 건강뿐만 아니라, 머리가 좋아지고 정신도 맑아지며 뇌신경도 안정된다고 한다.

우리 재활원에서는 올해 초부터 무공해 재배 농산물과 생명 에너지가 강한 발아 현미로 제조된 생식을 이용하고 있는데, 매일 아침 야채나 과일을 썰어 생식가루와 섞어 한

덩어리씩 먹고 있다. 섞을 때 우리가 직접 만든 야채효소를 약간 넣으니 달콤한 맛이 나 먹기에도 좋다. 생식 한 덩어리와 과일 한쪽으로 아침식사를 하고 있다.

생식은 화식보다 6배의 생명 에너지가 강하다는 사실을 알아야 한다.

12) 화학 조미료는 안 쓴다

현대 우리의 식품 조리에서 화학 조미료를 전혀 안 쓴다는 것은 사실상 어려운 문제이다.

380여 종의 첨가물이 허용되어 있는데 그 질이나 양이 또한 문제이다. 각종 가공식품은 그 안전성에 의문을 가지지 않을 수 없다. 그래서 우리는 재래의 천연 조미료를 주로 쓰고 화학 조미료를 안 쓰기 위한 노력을 하고 있다. 쓰더라도 부득이할 때 아주 적게 쓰는 정도이다.

소금은 천일염(天日鹽)을 볶아 쓰다가 요새는 생활죽염을 쓰고 있다. 우리 콩으로 만든 재래식 메주로 된장을 담는다. 고추장도 햇볕에 말린 시골 고추를 구해 쓰고 있다.

설탕은 부득이할 때 흑설탕이나 황설탕을 조금씩 쓰고 있다. 흰 설탕은 절대 안 쓴다.

청량음료도 삼가고 솔잎을 중심으로 채소, 과일 등을 발효시킨 효소(식물의 진액)를 직접 만들어 쓰고 있다. 화학치약도 안 쓰고 죽염을 쓰고 있다.

이러한 생활은 이미 습관화되어 있기 때문에 어려움 없이 실천되고 있다.

13) 솔잎, 야채효소를 만들어 먹고 있다

우리는 일상생활에서 청량음료를 너무 많이 먹고 있다. 그러나 그것은 건강을 위한 이득보다 피해가 더 우려된다. 특히 청량음료에는 탄산가스가 들어 있어 맛이 산뜻하고 시원하기는 하지만 건강에는 해롭고, 탄산가스 이외에 인공감미료, 보존료(방부제), 향료, 색소 등의 첨가물이 섞여 있기 때문에 많이 자주 먹는 것은 건강을 해치게 된다.

그래서 우리는 여름에 산에 가서 솔순과 솔잎, 야채 등을 채집하여 이것을 큰 독에 발효시켜 효소를 만들어 아침 생식 때나 저녁 간식 때 조금씩 물에 타서 먹고 있다. 콜라, 사이다, 쥬스는 될 수 있는 대로 안 먹기 위해 노력하고 있으나 청량음료의 간사한 맛에 길들여진 원생들에게 이를 제한한다는 것이 어렵기는 하지만 덜 먹이기 위해 힘쓰고 있다.

14) 소금은 죽염을 쓰고 있다

짜고 맵게 먹는 경향이 있는 우리 식사습관을 감안해서 소금을 줄이는 데 힘쓰고 있다. 그러나 무턱대고 소금을 줄이는 것은 옳지 않다고 본다.

염분은 우리의 생명 유지에 꼭 필요한 미네랄원(源)이다. 인체는 소금절임이라고 할 만큼 적당량의 염분은 꼭 필요하다. 염분은 뛰어난 해독작용, 혈액 정화작용, 소화작용 등 생명활동에 없어서는 안 될 물질이기 때문에 적당량을 먹어야 되지만 그 질이 문제이다.

따라서 소금 자체를 제한하기보다 저질(低質) 소금을 제한해야 한다고 본다. 그래서 우리는 자연염을 볶아서 쓰다가 근래에는 생활죽염(3번 구운것)을 쓰고 있다.

일상적인 식생활에 필요한 조미료로서 나물을 절이고 무치고 국을 끓이는 등 광범위하게 쓰고 있다. 나트륨이 99.9%라고 하는 정제염(精製鹽)은 약품이지 식품이라고 할 수 없다고 보기 때문에 이와 같은 정제염이나 맛소금 따위는 애써 안 쓰고 있다. 이 닦기도 화학물질(불소 등)이 든 치약은 안 쓰고 이 생활죽염을 쓰고 있다.

앞으로 예산이 확보되는 대로 장 담그고 김치 담그는 데에도 이 생활죽염을 쓸 계획이다.

15) 동물성 식품을 제한하고 있다

한때 쌀밥에 고기국을 잘 먹는 식사법으로 여기던 시대가 있었는데, 아직도 고기에 대한 향수가 남아 불고기, 삼겹

살, 생선회 등을 진탕 먹는 것을 만족스럽게 여기는 경향이 많다. 이것은 개선되어야 할 풍조이다.

동물성 식품은 우수한 단백질의 공급원으로 높이 평가되지만, 그 가축의 사육과정이나 사료 등에도 문제가 있기 때문에 먹기는 먹되 제한하고 있다. 특히 쇠고기는 값도 비싸고 포화지방산이 많이 들어 있기에 더욱 제한하고 있다.

또한 고기를 먹되 그 피해를 줄이기 위해 채소를 많이 곁들여 먹고 있다. 동물성 단백질 대신에 식물성 단백질을 많이 섭취하기 위하여 콩을 많이 이용하고 있다. 우리 콩(수입 콩은 안 씀)을 구해서 두부, 콩비지, 콩국, 청국장 등을 다양하게 직접 만들어 먹고 있다. 특히 청국장을 만들어 먹기 위하여 기구를 비치하여 활용하고 있다.

닭고기도 값이 싸고 영양가가 풍부하지만 닭장(통) 속에 갇혀 인공 배합사료만 먹고 크는 닭고기는 영양식이라고 즐겨 먹을 것이 못 되는 것으로 보고 자주 먹지 않고 있다.

16) 밥 따로 물 따로 먹고 있다

밥 따로 물 따로 먹는다는 것은 밥먹을 때 국이나 물과 함께 먹는 것이 아니라, 마른 밥 마른 반찬을 꼭꼭 씹어먹고 2시간 뒤에 물을 마시는 식사법이다. 이것은 음양학자 이상문 선생이 개발한 음양식사법(陰陽食事法)인데, 음양철학에 기초를 둔 새로 개발된 식사법이다.

현재 우리에겐 먹거리를 중심으로 한 영양학적 · 분석적 연구는 많이 있지만 식사방법에 대한 연구는 없었다. 굳이 있었다고 한다면 소식(小食)하라, 많이 씹어 먹으라는 정도 인데, 새로 개발된 이 방법은 음양철학을 바탕으로 한 세계 최초의 획기적 방법이다.

17) 간식(間食)을 제한하고 있다

하루 세 끼 식사 이외에 먹는 군음식을 간식이라고 하는데, 옛날에는 못 먹어서 영양부족 상태일 때 부족한 영양을

보충할 필요도 있었으나 요사이 간식은 군것질, 주전부리,
정도로 생각하는 것이 옳을 것이다.

　잠시 쉬는 시간 기분전환 정도의 필요성은 있을지언정
영양보충이나 배고픔을 달래기 위한 것은 아닌 것이다.

　더구나 현미를 중심으로 한 자연식을 하고 있으면 영양
을 생각하는 간식은 불필요한 생활습관에 지나지 않는다.
간식은 그 종류와 양, 횟수가 적절치 못하면 영양 과다, 비
만, 소화불량, 식욕부진 등 건강을 해치고 행동습관도 나빠
지는 역효과의 우려가 있는 것이다.

　그래서 우리는 오후 한때(작업이 끝날 때)나 저녁시간에 아
주 가벼운 간식의 기회가 마련되어 있다. 과자, 빵, 청량음료
등 가공식품을 삼가고 과일(사과, 밤…), 소채(고구마, 감자, 토
마토, 옥수수…) 등을 조금씩 입가심하는 정도에 그치고 있다.

　그리고 때때로 쉼터(분재원)의 자판기에서 차나 커피를
한잔 빼먹는 정도만 허용하고 있다. 과일이나 소채라 하더
라도 양이 많으면 건강을 해치는 식습관이라고 생각하여 그

양을 줄이고 있다.

이 방법은 아직 개발된 지 일천하지만 제법 많은 실천자들이 있고, 또 점차 늘어나고 있는 실정이다. 우리는 장애인들이라서 시작 당초에는 습관상 어려움이 있었으나 지금은 제법 정착되어 가고 있다.

18) 환경 호르몬을 예방하고 있다

현재 우리는 일상생활에서 환경 호르몬의 위험이 심해지고 있음이 사실이다. 그래서 우리 재활원에서는 그 예방대책에 신경을 쓰고 있는데, 그 중요한 것을 들면 대략 다음과 같다.

① 쓰레기를 줄이는 데 힘쓰고 있다.
② 소각로(규격품)를 비치하여 생활 쓰레기를 완전 소각하고 있다.
③ 식기는 플라스틱, 비닐 등 화학소재로 된 것을 사용하

지 않고 도자기나 유리그릇으로 바꾸었다.

④ 일회용 종이컵이나 컵라면은 안 쓰고 있다.

⑤ 세제(洗劑) 등도 최소한으로 제한하고 있다.

⑥ 빨래비누는 폐유로 만들어(무공해) 쓰고 있다.

⑦ 인스턴트 식품, 화학 조미료도 최소한으로 줄이고 있다.

⑧ 화학비료나 농약을 최소한으로 줄인 야채를 재배하고 있다.

⑨ 수탉과 함께 사육하여 유정란(有精卵)을 낳게 하고 있다.

⑩ 치약도 화학재료가 든 것은 사용하지 않고 죽염을 쓰고 있다.

19) 음식 쓰레기를 거의 안 만들고 있다

우리나라 음식 쓰레기가 돈으로 환산하면 15조 원이나 된다고 한다. 이래서는 안 되겠다는 말뿐이지 실천이 없다.

주부들의 학력은 높아가는데 왜 실천이 안 되는지 안타깝기
만 하다.

우리는 50명이 식사를 하지만 음식쓰레기는 거의 없다.
먹을 양만큼 배식하고 가져간 것은 다 먹게 하고 있다. 장애
인들이지만 이것이 생활화되고 있다. 쓰레기라고는 조리할
때 나오는 채소 잎이나 못 먹을 부분만 나오는데, 이것은 썩
혀 퇴비로 쓰고 있다.

아침 한 끼 생식을 하니 쓰레기가 나올 요인도 줄어들었
지만 조리할 때 양을 줄여 그때그때 다 먹도록 하고 있다.
주부들이 조금만 신경쓰면 안 될 리 없다. 그래도 먹다 남는
것은 냉장고에 보관했다가 다음 식사 때 먹으면 된다.

먹을 수 있는 남은 음식을 쓰레기로 만들어 버려야 하는
가? 특히 큰 음식점, 학교, 회사, 예식장 등의 식당에서 남은
음식이 거침 없이 버려지고 있는데 언제까지 그대로 보고만
있을 것인가?

20) 식사지도를 식육(食肉)의 일환으로 지도하고 있다

식육(食肉)이라 함은 식사지도를 말한다. 우리는 교육을 지육, 덕육, 체육이 통합된 교육을 지향하고 있다. 이른바 전인교육이다. 그런데 나는 여기에 반드시 식육(食肉)이 더해져야 한다고 생각한다.

지금 청소년들의 식생활 상황을 보면 먹거리의 선택도 문제이지만 먹는 태도는 사람의 식사라고 볼 수 없을 정도로 무질서하고 문란하다. 마치 개, 돼지 죽 먹는 것과 같은 광경이다. 인간의 식사는 신체적 건강은 물론이지만 인성(人性) 형성과도 밀접한 관련이 있는 것이 사실이다.

식육의 내용과 방법 가운데 우선 핵심적인 것만 들어본다면

- 적당한 것을 골라서(자연식) 먹어야 한다,
- 천천히 꼭꼭 씹어(30번 이상) 먹어야 한다,

- 감사한 마음으로 먹어야 한다,
- 될 수 있는 대로 소식(小食)해야 한다,
- 흘리지 않고 쓰레기를 내지 않아야 한다,

등을 들 수 있다.

청소년 비행을 줄이는 데는 이 식육이 큰 몫을 하는 것으로 믿고 있다. 우리는 정신지체장애인들이지만 이 식육이 제법 잘 이루어지고 있다.

21) 그 밖의 시책들

그 밖에 건강한 생활, 즐거운 생활을 위해 다양한 행사도 개최하고 있다.

이를 테면

① 원내에 노래방을 만들어 밤늦도록 노래 부르고 춤추는 등 일상생활을 즐기게 하고,

② 자주 등산을 하여 체력단련과 기분전환에 힘쓰고 있

으며,

③ 자주 관광여행(온천장), 놀이학습, 현장학습 등으로 다양한 생활을 체험케 하고 있으며,

④ 각종 건강식품(기능성식품)도 각 회사에 교섭해서 기증 받거나 구입하여 다양하게 복용케 하고 있다

그러나 농장, 사육사 등 시설 부족과 인력 부족, 운영자금의 부족 등으로 소채나 유정란 등 자가 생산 등을 만족스럽게 못하고 있다는 사실을 안타깝게 여기고 그 대책을 위해 최선의 노력을 다하고 있지만 여의치 못한 것이 안타깝기만 하다.

식생활 개선의 결과로 나타난 사실적 효과

정신지체장애인은 지능만 나빠진 것이 아니라 신체 각 부위 기능이 모두 열악해서 늘 병약하여 병에 잘 걸리고 한 번 걸리면 잘 낫지 않는다. 건강이 좋지 않으니 남과 명랑하게 어울리기 어렵고, 외톨이가 되고 활동하기를 싫어하며 위축된 삶을 살기 때문에 건강은 더욱 나빠질 수밖에 없다.

그래서 우리 재활원에서는 개원 당초부터 건강관리를 위해 신경을 써 왔다. 건강을 위해서는 무엇보다도 좋은 식생활이 계속되어야 할 것으로 믿고 현미 자연식을 중심으로 한 식생활 개선에 힘써 왔다.

13년 동안 위와 같이 실천해 온 결과 그 성과는 우리 자신들도 확인할 수 있을 만큼 현저하게 건강이 좋아져서 그 일상생활이 활력 있고 명랑해져서 중도(重度) 장애인이지만 거의 모두 가벼운 장애인 수준으로 좋아져 보는 이를 놀라게 하고 있다.

이것은 한결같은 자연식으로 말미암아 면역력이나 자연 치유력이 강화되고 정서가 안정되었기 때문이라고 생각하고 있다.

이제 좀더 구체적으로 들어보면,

① 화장실, 거실에 악취가 거의 없어졌다.
② 얼굴 혈색이 전반적으로 좋아졌다.
③ 거칠고 포악한 행동이 거의 없어졌다.
④ 낙서, 방화, 파괴 등 부적응 행동이 거의 없어졌다.
⑤ 서로 정답게 잘 어울리게 되었다.
⑥ 탈출, 싸움 등 부적응 행동이 거의 없어졌다.
⑦ 간염, 간질 등 지병이 현저하게 호전되어 가고 있다.
⑧ 감기 등에 안 걸리게 되었다.
⑨ 소화불량, 설사, 변비 등이 많이 줄어들었다.
⑩ 전반적으로 질병이 거의 없어졌다.

⑪ 식사, 청소, 옷벗고 입기, 이 닦기, 세수 등 일상생활은
거의 스스로 하게 되었다.

⑫ 식사도 흘리지 않고 남기지 않는다.

⑬ 잠도 잘 자고 있다.

⑭ 왕복 5식간 정도의 등산도 해내고 있다.

⑮ 하루 5시간 정도의 작업(단순작업)을 해낼 수 있게 되
었다.

현재 우리나라에서는 청소년들의 정서가 황폐해져서 그
비행이 증가 추세에 있는데, 그것은 그릇된 식생활이 가져
온 필연의 결과라고 전문가들이 외치고 있거니와, 우리는 이
러한 실천을 통하여 그것이 사실임을 절실히 체험하고 있다.

위의 사실은 장애인의 경우지만 비장애인의 경우에는 그
효과가 더욱 크게 나타날 것으로 본다.

현재 우리 국민의 건강상태는 실로 낙관 할 수 없는 것이
사실인바, 대략 다음과 같은 것을 들 수가 있을 것이다.

① 이상 분만이 늘어나고 있고

② 장애아의 발생이 줄어들지 않고 있고

③ 정서장애로 인한 행동이상이 늘어나고 있고

④ 비만아가 늘어나고 있고

⑤ 정신신경증적 증상이 늘어나고 있고

⑥ 성인병이 청소년들에게까지 마수를 펼치고 있고

⑦ 청소년 비행이 늘어나고 있고

⑧ 40대 돌연사가 늘어나고 있고

⑨ 만성불치병이 늘어나고 있고

⑩ 치매, 뇌졸중 등 노인병도 젊은층으로까지 번지고 있고

⑪ 국민 총반건강체가 되어 가고 있다.

이상과 같이 건강의 위험수위가 높아가고 있는 것은 그릇된 식생활이 원흉이라고 저 유명한 미상원(美上院) 영양의료문제 연구보고서(M보고서)가 경고하고 있지 않은가!

식생활 개선은 민족의 앞날을 위한 국민운동으로 전개해

야할 긴급과제임을 외쳐두는 바이다.

어찌 남편만 오래 살게 하는 비결에 그치리오!

남편 죽이는 15가지 방법

초판1쇄 / 2003년 7월 30일
지은이 김동극
펴낸이 여국동
펴낸곳 도서출판 인간사랑
인 쇄 백왕인쇄
제 본 문원제책

출판등록 1983. 1. 26.
경기도 고양시 백석동 1178-1, 제일—3호
(411—815) 경기도 고양시 일산구 백석동 1178-1
대표전화(031) 901—8144, 907—2003
팩시밀리(031) 905—5815
e-mail/igsr@Yahoo.co.kr

정가 9,500원

ISBN 89—7418—950—X 13590